姑苏园林文化丛书

苏州园林营造工程有限公司

金斌斌　主编

姑苏园林构园图说

沈炳春　沈苏杰　著

中国建筑工业出版社

图书在版编目（CIP）数据

姑苏园林构园图说 / 沈炳春，沈苏杰著 . —北京：中国建筑工业出版社，2014.5

（姑苏园林文化丛书）

ISBN 978-7-112-16784-5

Ⅰ.①姑… Ⅱ.①沈… ②沈… Ⅲ.①古典园林－园林设计－苏州市－图解 Ⅳ.①TU986.625.33-64

中国版本图书馆CIP数据核字（2014）第080879号

本书总结了作者近30年从事古建园林设计、修建工作的经验，系统整理了其在实际工作中积累的大批设计手稿，包括改造旧园、构建私家山庄和城郊新园、营造历史文化纪念祠园、风景名胜区的园林小品以及其他仿古园林等，配有这些作品建成后的实景照片，并以文字分析说明。通过这些设计手稿、照片、文字，本书直观地阐述了苏州园林传统的营构理念和营造技艺在当代的传承。

本书可供广大园林爱好者、园林设计工作者、营造者等阅读参考。

* * *

责任编辑：吴宇江 许顺法

责任校对：姜小莲 张 颖

苏州园林营造工程有限公司

金斌斌 主编

姑苏园林文化丛书

姑苏园林构园图说

沈炳春 沈苏杰 著

*

中国建筑工业出版社出版、发行（北京西郊百万庄）

各地新华书店、建筑书店经销

北京京点图文设计有限公司制版

北京画中画印刷有限公司印刷

*

开本：787×1092毫米 1/16 印张：10 字数：233千字

2014年10月第一版 2016年1月第二次印刷

定价：88.00元

ISBN 978-7-112-16784-5

(25569)

《姑苏园林文化丛书》

总序

源远流长的姑苏园林，是中华文化中特殊的艺术门类，它既具有物质构筑要素，诸如山、水、建筑、植物等，但作为艺术，又是传统文化的历史结晶，是民族的精神产品。

姑苏园林集数千年生态经验和文化积淀，创造出“美好的、诗一般的”梦幻境界，成为人类环境创作的杰构，生活艺术化、艺术生活化的标本，物化了东方的摄生智慧，被世界教科文组织列入了世界文化遗产名录，成为全人类的宝贵财富。

姑苏园林特有的营构理念、审美心理无不体现在山、水、建筑、动植物等物质符号中，这种“体现在某个物质符号中的精神现象活动”（《狄尔泰全集》第五卷，哥廷根•1977 第 318 页），用阐释学的方法，“复原它们所表示的原来的生命世界”，成为当今研究课题；

姑苏园林的营构，是一项高雅的文化建设活动，是数千年营构实践的经验积累和提炼，是文化天才包括能工巧匠的集体创作，“在历史上，在美术上，皆有历劫不磨之价值”（朱启钤:《中国营造学汇刊》），因此，揭示、归纳姑苏园林营构中获得了最广泛共识的、被公认的基本规则和范例，无疑也是传承姑苏园林文化必须面对的课题。

诸如此类的研究，除了研究文献记载，还要到掌握各“法式”的大师们那里去掘发、收集。

因此，关于姑苏园林文化的研究，虽然前有明计成的《园冶》、明文震亨的《长物志》和清李渔的《闲情偶寄•一家言》等经典，后有刘敦桢先生的《苏州古典园林》、童寯先生的《江南园林志》、陈从周先生的《说园》等名著，近有《中国园林美学》、《中国园林文化》、《江南园林论》等著作，但都非姑苏园林的专论，《苏州园林营造录》作为姑苏园林的专论虽有诸多创获，但仍留有大量研究空间。

毛泽东主席说过:“一支没有文化的军队是愚蠢的军队，而愚蠢的军队是无法打败敌人的。”一个不重视文化研究、以“圈钱”为核心价值观的企业是没有前途的。

作为“姑苏园林”国际国内注册商标持有机构的苏州园林营造工程有限公司，继承姑苏园林文脉是责无旁贷的义务。为此，公司聚集了一批在园林建设、古建、传统古建礼俗方面的老师傅、大师级人物；成立了“姑苏园林文化研究院”，聘请苏州大学园林文化研究方向的博士生导师曹林娣领衔，组织博士生、硕士研究生及公司高层专门人员从事姑苏园林文化的研究，并尝试撰写姑苏园林文化的相关书籍。

让我们在作者的带领下，去推开一扇扇古典园林之窗、穿越一道道岁月之门，细细体味“姑苏园林”这首凝固的诗、立体的画的无穷魅力吧！

因工作的关系，半个多世纪来，我上百次来到苏州这一“人间天堂”的胜地，与苏州结下了深厚的感情。更承丛书编者的厚爱，嘱我为序，焉能推谢，于是写了以上几句短语冗言，请教读者方家高明，并借以为对此丛书出版之祝贺！

羅哲文

2011 年 8 月

序一

在倡导“生态文明”的今天，环境保护和建设已经被提升到了新的高度，作为一个以生态环境建设、保护、利用和开发为主的行业——风景园林，也必将迎来蓬勃发展的春天。

著名科学家钱学森先生基于中国传统的山水自然观、天人合一的哲学观，曾提出了“山水城市”的构想，这是科学的、艺术的，是中国城市建设要努力实现的终极愿景，可以统筹规划我国的城市建设。我国的领土百分之六十以上是山地，水贯穿其中，先人们很早就与自然山水亲和、统一、感应、交融，哲人们也很早开始了对自然宇宙的观察，儒家以山水作为仁者、智者的精神拟态，山林、江湖从高人的隐栖、渔钓之地逐渐演化为士大夫高雅、风流的文化范式。文人们卜居、构建精神家园，山水是其最基本的抒情性物质建构，这就是中国特有的园林艺术。

中国园林的发展经历了漫长的过程，美学家李泽厚先生称其为“人化的自然和自然的人化”，寄寓着文人士大夫对美好生活的企求、对生命存在的关注以及对人生真谛的领悟等等，是“替精神创造一种环境”、“一种第二自然”，随着山水体量越来越小、写意色彩越来越浓，植物品类越来越多、形态内涵越来越深厚，建筑装饰图案样式越来越多、密度越来越高，中国园林艺术已臻化境，布局之美、造型之美、韵律之美、意境之美、文化之美……让全世界叹为观止。无怪乎瑞典物理学家汉内斯·阿尔文博士在1988年巴黎召开的面向21世纪第一届诺贝尔奖获得者国际大会新闻发布会上呼吁：“如果人类要在21世纪生存下去，必须回到2500年前去汲取孔子的智慧。”中国园林，凝聚着中华民族千百年来的审美实践，营构出醇美的诗文境界，以鲜明的民族特色自立于世界景观艺术之林。

处于新型城镇化时期的我们，必须因地之山水形胜规划、发展各有特色的城市，尊重自然，以人为核心（包含人的生态安全、人的健康长寿等要素在内），借鉴诗意栖居的园林艺术，强调人类社会与自然环境和谐发展，才能更好地避免千城千镇一面、一洋面等格局，从而创造出优美的、生态健全的本土人居环境。

中国城市化进程中，中国园林艺术涵于其中，从“巧于因借”、“随曲合方”等手法中可窥一斑，同时它们又是协调发展的。在自然山水中建设城市，在城市中人造自然山水，置城市、建筑于青山绿水之间，采石不毁山、修路不断流，改造荒漠、保护自然地形、改善区域气候等，都需要城市综合性总体规划运筹帷幄，需要风景园林规划与设计学科协同其他学科共同谋划，而园林行业以往的发展模式在一定程度上满足不了要求，走产业化发展之路，对于提高园林景观质量、改善城市生活水平和生活环境、促进城市可持续发展、保护城市生态环境等，具有重要意义。

作为非物质文化遗产项目“苏州古典园林营造技艺”责任保护单位、中国城市文化景观运营商的苏州园林营造工程有限公司，尊重传统又不拘于传统，在传承传统文化基础上不断地挖掘创新，已经形成了新的文化生态价值形式，再结合战略合作伙伴，用资本的力量推动产业的发展，其品牌化、系统化的市场化运作，必然会带来经济效益、环境效益的综合提升，促进园林行业传统经营方式的转变，提高生产力水平，实现经济增长方式的转变，从而为中国城市建设提供保障，对城市化进程和生态环境保护做出贡献。

中国园林为最佳的人居环境。散文家曹聚仁先生说：“苏州才是古老东方的典型，东方文化，当于园林求之……”

由金斌斌先生主编的“姑苏园林文化丛书”，将对享誉海内外的“东方智慧”文明实体——姑苏园林，从历史文化、成就、技术等各个层面展开深入的探讨和论述，不失为风景园林行业的一项重大成果，对中国的城市化进程也具有一定的指导意义。编者知我对中国城市土地规划及利用有着特殊的感情，特意嘱托我为“丛书”添序，于是写了以上几句感想，敬请方家高明指正。

胡存智

（序作者为国土资源部副部长）

2014 年 3 月

序二

姑苏园林，以其悠久的历史，精湛的技艺，深远的意境和丰富的文化内涵享誉世界，是“可居、可游、可赏”的古雅的文明实体，集中体现了东方民族最高的生存智慧。有道是“姑苏好，天下甲园林”，当之无愧！

姑苏园林，滥觞于春秋的吴王苑囿和两汉的“五亩园”、“笮家园”的私家贵族园林，东晋号为“吴中第一私园”的“顾辟疆园”，在中国园林史上镌刻了第一笔真正意义上的中国士人园。随着苏州远离北方政治中心，而经济重心南移，苏州的皇家园囿在历史舞台上落下帷幕，唯士人园戛戛独造，一脉至今。明清之际苏州经济繁华、世风日奢，构园之风日炽，构园之艺独臻，时古城内外，名园如绘。今拙政园、留园、网师园、环秀山庄、沧浪亭、狮子林、艺圃、耦园、退思园，已作为苏州古典园林的典型例证被联合国教科文组织列入了《世界文化遗产名录》。

实践出真知，长期的构园实践，造就了大批卓越的艺术家和能工巧匠，构园理论之花竞相怒放：明计成的《园冶》，明文震亨的《长物志》和清末民初姚承祖的《营造法原》，绚丽夺目，烛照当世，沾溉后代。

姑苏园林之胜，得之目，寓诸心，形于笔墨，风雅难尽。

近年，苏州民族建筑学会和苏州古典园林建筑公司组织人员对姑苏园林进行了实地测绘，编写了《苏州园林营造录》，乃业内人士自觉的研究行为，诚为可喜！

今天，作为中国古建园林二十强之一的苏州园林营造工程有限公司，以传承姑苏园林文化精粹为己任，在园林行业中，率先成立“姑苏园林文化研究院”，并将向世人推出一套姑苏园林文化丛书。我们的宗旨是：以专业的团队，科学的态度，融传统风格于现代功能之中，精心打造文化、生态、低碳、实用、美观的现代环境艺术。

姑苏园林文化丛书，因地而生，因时而成，内容丰富，特色鲜明，并配有精美照片，可助读者了解姑苏园林文化内涵，也可供从事城市规划、园林设计、施工等人员参考。

金斌斌

2011 年 6 月

目录

导 言

苏州吴县（今苏州吴中区）位于苏州市南部的太湖之滨，北依苏州古城区，东连昆山，南接吴江区，西衔太湖，与无锡、宜兴、浙江湖州隔湖相望。

域内水网如织，三万六千顷的太湖是我国五大淡水湖之一，大业六年（610 年），隋炀帝开凿了大运河，吴县不仅成为江南运河航运的要地，也使大片的农田灌溉得到了改善。依傍京杭大运河的宝带桥（图 0-1），是我国现存最长的连拱桥。

图 0–1　宝带桥

西部有低山丘陵，系浙西天目山向东北延伸的余脉，成“岛”状分布在太湖之中和沿岸镇内。境内山脉最高峰为穹窿山，主峰笠帽峰海拔 341.7m。东有尧峰、乌龙诸山，西有凤凰、玄墓等山，北有灵岩、天平山峦，太湖中有七十二峰，群峰献黛，西山的群岛风光，东山的花果丛林，美不胜收（图 0-2）。

图 0–2　岛屿纵横一镜中，此为厥山、泽山及三山一隅

四季分明，气候宜人，雨量充沛，日照充足，无霜期长，故宜农宜林，宜渔宜牧，“云帆转辽海，粳稻来东吴”，“夜市卖菱藕，春船载绮罗”，物阜民丰。“洞庭橘熟万株金”，洞庭山的橘子、枇杷等花果成为“贡品”。银鱼、梅鲚鱼和白虾被誉为“太湖三宝”。境内拥有丰富的铜、铁、铅、锌、高岭土（全国开采量最多）、花岗岩、瓷石、太湖石等各类矿产资源。碧螺春名茶、吴中工艺苏绣、缂丝、澄泥砚、金山石雕等等，盛誉天下，产品逐渐远销海内外。苏州真乃物华天宝、人杰地灵，是闻名遐迩的“鱼米之乡”，号“天堂中的天堂”。

早在一万多年前的旧石器时代，太湖三山岛上就有石器锥、钻、刮削石等工艺制品，说明吴中先民已经迈入文明的门槛。

勾吴时期至春秋末年，阖闾、夫差壮丽的皇家宫苑就滥觞于此，西南郊筑雄冠春秋诸侯的姑苏台、长洲苑，在太湖西山的消夏湾与练渎等地建造了作为国防巡狩和水军训练的种种设施，逐渐衍为登山临水的游乐场所，练渎内艨冲改为波殿蟾宫的游湖龙舟，夫差还在灵岩山建筑了景色优美的馆娃宫，凡 30 多处……吴国从强大走向灭亡，旧苑荒台，激发了历代骚人墨客怀古情思，留下了许多感人肺腑的不朽篇章。

汉代以后，道教、佛教等寺观园林陆续出现于太湖风景名胜区，鼎盛时期，单是吴县东山就多达 50 余所（座），吴县西山则形成了五宫四观三庵十八寺的规模。

由于当时社会政治动荡不安，从秦末汉初“商山四皓”到西山开始，许多士大夫、文人趋向山林隐遁生活，他们与高僧、道教徒等人在热爱自然山水的共同基础上形成了合流，结伴共同游览山水。他们善于用形象思维敏锐观察太湖优美的山水景色，并以生花妙笔，以诗文著作和绘画渲染景物的独特风采与神韵，点化了太湖山水风景。他们投宿寺观，又促进了寺观的园林化发展。

宋初，吴越王钱俶献地归入北宋，使吴越之地避免了一场战祸。宋时又采取了疏浚太湖水利的措施，加上圩田、荒地的垦辟，耕艺的精良，农业的发展，促使手工业出现了五彩缤纷的现象，梓匠技艺的提高，为园林艺术的发展打下了良好的基础。

北宋末年，大量中原士族随宋高宗南渡，隐居在太湖洞庭两山，使北方中原文化和太湖吴文化交融结合，促使了“始经山川”以山水审美为中心的风景区建设，使太湖风景区的形成趋于成熟。宋代商品货币的流通又使城市和小城镇空前繁荣，这时印刷术、火药与指南针取得了重大技术突破，同样对太湖流域经济、吴文化的发展和景区开发带来不可估量的影响。

而北方士族迁居太湖一带后，带来了北方经济文化，扩大了对外联系及南北经济文化的交流，促进了这一带经济繁荣，并为明、清时期的发展奠定了基础。明朝启用香山匠人主持营建宫廷建筑后，不但“蒯鲁班”名闻遐迩，也使香山帮匠人的建筑技艺达到了登峰造极的地步，同时又促进了吴地建筑水平的提高。

吴地建筑文化在吸收外来建筑文化时，始终保持着自己粉墙黛瓦、素朴和谐的外貌，内部空间精致体宜，庭院因借随机，植物配置气韵生动，达到天人合一的理想境地。

在开拓山林风景的同时，从晋代开始，先民们便在太湖周围山水环境中相地建宅构筑庭院，恰如《园冶》所说：“园地惟山林最胜，自成天然之趣，不烦人工之事，入奥疏源，就低凿水，披土开其麓，培山接以房廊。杂树参天，楼阁凝云霞而出没。繁花覆地，亭台突池沼而参差。”明清时期达到高峰，在吴中太湖东山、西山、光福、木渎景区，历史上就曾建有近百座园林。

古代风景园林的规划理论与实践，和诗、画艺术理论、技法用语是共通的，元代写意画的理论和技法直接促成了苏州写意山水园林的形成，如意境、意匠，外师造化等等理论及诗化景题，画意构图，书法章法与时序、朝暮、令相、物候等动态结合。如“画论”所说：“所谓布置者，布置山川也……必须意在笔先，铺成大地，创造山川，其远近高卑，曲折深浅，皆令各得其势而不背，则格制定矣。”（清•布颜图《画学心法问答》）“水以石为面，水得山而媚”（宋•郭熙《林泉高致•山水训》），“疏水若为无尽，断处通桥”（明•计成《园冶》）。“山外有山，虽断而不断；树外有树，似连而非连。”（清•笪重光《画筌》）山脊以山石为领脉之纲，“深山大壑纯用石山不妨，若浅水沙滩，不妨用土山耳。土山下不妨用小石为脚，大山内宜用土山为肉”（清•龚贤《画诀》）。“半山交夹，石为齿牙，平垒逶迤，石为膝趾。”（清•笪重光《画筌》）“玲珑石多置于书屋酒亭旁”（清•龚贤《画诀》）。当然，诚如现代著名山水画家黄宾虹所言：“欲得山川之气，还得闭目沉思，非领略其精神不可。”

历史上文人兴造园林，在运用植物材料和其他造园要素方面想法颇多，创造出入狭而境广、小中见大的效果，采用了步移景异，幽深曲折，先抑后扬，题词点景等等手法。传统私家园林的特点“妙在小，精在景，贵在变，长在情”，而精良的绿化配置则是重要的手段之一，将植物拟人化是我国园林绿化特有的优良传统。比如：松柏显示蒙霜雪而不变的永恒苍劲，人们常把松柏比喻人的品行高洁；竹潇洒挺拔，贞节虚心（图 0-3）；梅韵胜格高；柳树婀娜多姿；海棠丰姿艳质；牡丹富贵华丽；菊花操介清逸；莲花出淤泥而不染……

图 0–3　日光穿竹翠玲珑（沧浪亭）

在布置植物群落时应考虑到植物周期性生长规律，选用乔木、亚乔木、灌木、地被植物和季相变化的色叶、开花植物，使植物造景在风景园林中形成较大规模的模拟自然群落，以达到“一时胜赏”的效果。同时继承风景园林与人文因素、品题相结合的地方民族文化特色和发扬“融情入景”的传统手法。文人以“天人合一”、“返璞归真”为最高审美境界，只求与之协调一致，因而人对自然始终保持着亲近的感情。

我们的祖先凭着天才直觉，在历史的风景园林开发建设中创造出了许许多多至今令人称道的风景名胜，这些由原始有机自然观衍生的环境意识——风水观念，是原始形成的人与自然素朴统一思想的延续发展。对于我国留传至今的环境艺术杰作，文学的描写远远多于环境科学的分析。在继承弘扬历史优秀园林文化的同时，我们应该认真总结，探索风景园林规划设计理论，以促进我们原始素朴辩证的思维上升到科学理论的高度。

太湖风景名胜区的吴中山水属浙、皖山丘余脉，由天目奔腾至宜兴、长兴，入湖融为诸山，号称七十二峰。沿太湖山丘，从古生代泥盆纪到新生代的第四纪地质，隐藏着丰富的地质地貌。它们有石英砂岩、页岩、石灰岩、花岗岩、流纹岩等等质地，有紫红色、黄褐色、灰黑色、灰绿色、灰白色等各类色彩。风景的重要构成要素之一，就是这些亿万年形成的自然景物，经过大自然的造化，成为宏观的山水艺术精品，受到文人的尊崇，赋这些山石以灵性、品格。经过造园家的不断实践总结，这些自然界的山石艺术精品，又被引用到园林庭院之中，在咫尺空间营造特有的山林景观，片山多致，寸石生情，虽由人作，宛如天开。如太湖石（图 0-4），是质地不很纯的石灰岩，被溶蚀成溶孔和溶穴，形成天然的千姿百态的自然雕塑塑石，这在大自然中是屡见不鲜的天工开物现象。当白居易为当时丞相牛奇章院内收藏的太湖石作记后，“石有族聚，太湖为甲……”妙文一出，一字千钧，既经评定，千古不易。“文因景成，景借文传”，太湖石遂成为传统园林不可缺少的点缀景物。

改革开放以来，吴中风景名胜大量修复古建筑和营建传统园林，使传统建筑技艺也遇到了良好的机遇，当然也会带来一系列的问题，如：风景名胜区多为丘陵山地，白蚂蚁对木结构的损毁十分严重；每年夏秋台风也会给这些传统木结构建筑带来灾难；一些重要的纪念展馆防火要求甚严，因此也必须以新的结构材料来替代传统木结构。于是一方面要求传统的建筑形式，另一方面对这些传统的厅堂，楼、台、亭、阁也在不断地摸索采用钢筋混凝土框架结构，目前在传统的屋面结构层也直接用椽子做支架钉 FC 水泥板，再浇混凝土，既保持了望砖的色彩效果，又替代了模板。在探索运用现代材料的过程中，“香山帮”匠师谙熟传统建筑结构，充分利用混凝土的可塑性，去替代一些重要的结构构件。在西山景区林屋洞驾浮阁、苏州盘门姑苏园中的丽景楼、木渎古松园中的姚建萍刺绣艺术馆等，就是用现代材料和框架结构移植到这些新建的园林景点之中，赋传统的古建技艺新的生命力，这些用现代材料营构的传统风景园林建筑已成为苏州新的著名景点。

图 0–4　留园冠云峰，″瘦、皱、漏、透、清、丑、顽、拙″八字占全

本人自 1985 年元月从林海雪原的长白山调回杏花春雨的江南名城苏州，在吴县园林处任主任，凭借在东北吉林林业设计院二十四载的工作经验积累，开始了在平山远水的太湖风景名胜区工作，在执掌吴中所辖太湖风景名胜区保护修复、规划建设的工作中（图 0-5），面临着对吴地太湖人文历史的发掘，规划理念的探索，建设实践的挑战，经费的筹措，经历了种种磨难，但也获得了一次又一次机遇，在园林规划建设实践中，不断探索规划理念，又不断在实践中修正。概括为：

1. 在自然风景区造园，是介于城市园林与自然风景区之间的环境艺术，既要揭开人与自然素朴和谐脉脉含情的面纱，又要融园林构思与山水为一体，源于自然又高于自然。

2. 符合人性的“一分钟游程”。园林设计路因景成，游路中主次景物或转换，或停顿，以 25 ～ 30m 作为理想距离。在游走时约接近一分钟，以这一距离欣赏眼前的景物时，第二景物在召唤，旅游声源既呼应又互不干扰，而 30m 的观赏距离又正好能看清建筑或景物，古代“风水”中称之为“百尺为形”。

3. 人类双眼最大水平视角为 140°，中间 60° 视野最为清楚，在垂直面上仰视角为约为 45°，俯视角为 65° 左右，在 18° ~ 27° 之间为最佳视域，为方便构图遂提出：每一组景设计在 1 ∶ 2.5 ~ 1 ∶ 3.5 则为理想画面。

4. 园林中每个空间都是立体的画，构园时，不仅是完成平面上的布局，也是完成垂直面上的连续组景。人在欣赏美景时，视线中每一组景物垂直剖面的外缘轮廓会形成一条自然、和谐的曲线，园林空间也因此而丰富、生动起来，本书以“构景曲线”称之。

5. 人类视觉的完美图形原则认为：一个封闭的图案容易被看成是个整体，每一个空间上的整体，给人一次美景的刺激，园林规划中大大小小的庭院空间，使人在情绪上得到多次刺激，引起多次兴奋，在有限的空间中产生“无限空间”的感觉。

6. 园林总体设计中，有些十分重要的地理位置，本身不具备支配与控制能力的，就应该以人为的手段去堆山建筑，以提高支配控制能力。

7. 园林设计中，图形与背景的关系对比要鲜明，否则图形就常常会在视野中消失，绿化植物鲜明的色彩对比，烘托以粉墙黛瓦传统建筑为主导图形结构。

8. 人类眼睛生理对光谱 550nm 内的黄绿部分感受最高，黄绿光刺激视网膜时放电率减少，所以人们在风景园林中看到郁郁葱葱的绿色视野时，总是那么舒心。

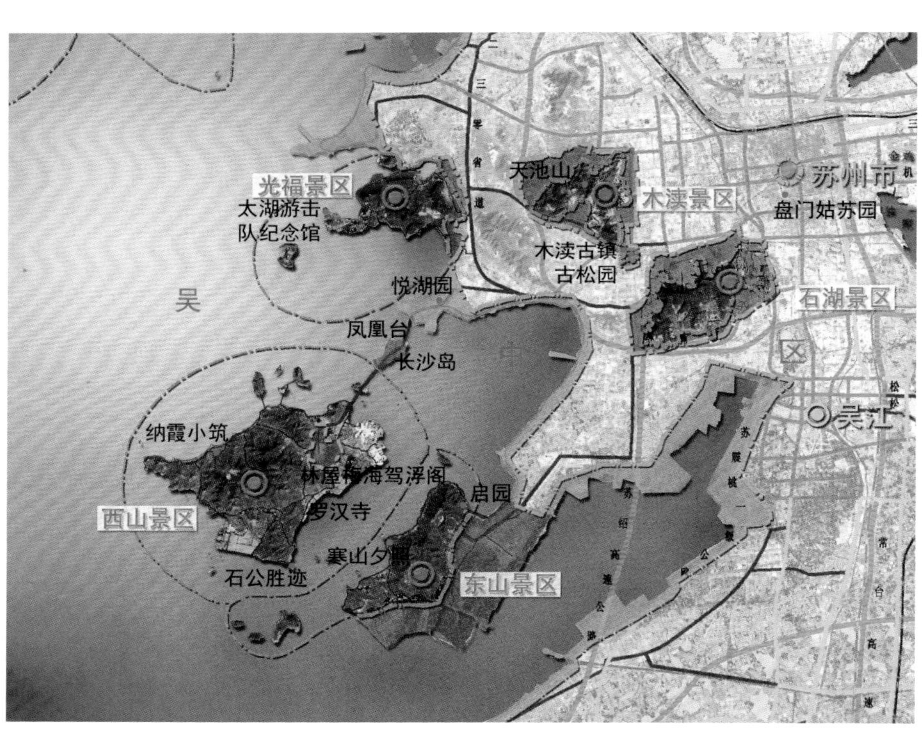

图 0–5　太湖风景名胜区规划建设一隅

近 30 年来，本人主持或参与风景园林规划设计多达 60 余项，本书节选近 20 个项目的设计手稿，归类为：改园之难、构园之思、景行维贤、胜景缀锦、木渎憧憬、古艺远播等篇章，通过文字及具体的设计透视图、照片等展示出来，也可直观地展现姑苏园林传统的营构理念和营造技艺在当代的可持续发展性。

一、改园之难

陈从周《说园》云：

余谓对旧园有“复园”与“改园”二议。设若名园，必细征文献图集，使之复原，否则以己意为之，等于改园。正如装裱古画，其缺笔处，必以原画之笔法与设色续之，以成全璧。如用戈裕良之叠山法弥明人之假山，与以四王之笔法接石涛之山水，顿异旧观，真愧对古人，有损文物矣。若一般园林，颓败已极，残山剩水，犹可资用，以今人之意修改，亦无不可，姑名之曰“改园”。

经本人整修的园林，都属于“一般园林”，而且，皆属于陈从周先生所说的“颓败已极，残山剩水，犹可资用”者，只能称“改园”了。清代汪春田重葺文园有诗：“换却花篱补石阑，改园更比改诗难。”于我心有戚戚焉！

要能做到“果能字字吟来稳，小有亭台亦耐看”，实属不易。

首先是立意在先。要了解园林人文历史，厘清园林的历史成因和衰落的原因，尽可能地掌握古园林的构园和构景意图。陈从周《说园》云：“今不能证古，洋不能证中，古今中外自成体系，决不容借尸还魂，不明当时建筑之功能与设计者之主导思想，以今人之见强与古人相合，谬矣。”

然后“相地”，摸清园林地形和周边的风景要素，亲自参与测量，体察地形的变化，妙在因地制宜，宜亭则亭，宜榭则榭，充分利用溪泉，修洼地为渊池，“高方欲就亭台，低凹可开池沼”，“多年树木，碍筑檐垣；让一步可以立根，斫数桠不妨封顶。斯谓雕栋飞楹构易，荫槐挺玉成难”。(《园冶·相地》)

“构园无格，借景有因”。设计时，巧妙地借景至关重要，无论是远借、仰借、俯借，应时而借，总之，佳则纳之，俗则避之，将园内园外美景都吸收到园景之中，“巧而得体”，只有构景得体才能成功。

因地制宜，并无一定的成规可循，有法无式。

1. 梵音风作韵——罗汉寺

罗汉寺始建于五代十国天福二年（937 年），是名副其实的古寺。位于西山景区兵场，寺前有一棵罗汉松（古树已被白蚁蛀蚀，现存为补植），寺之西有明渠，汇山坞内溪流，涧水清澈，涧畔挺立着两棵巨大的古香樟，茂如翠盖，奇者，一棵古香樟被一棵古老的紫

图 1–1　罗汉寺旁“藤樟交柯”

藤盘旋攀附（图 1-1），成古木交柯状，给古寺增添了无限幽深的意境。

可惜，寺庙年久失修，殿堂塌落，仅剩下前殿山门（图 1-2）和隐约可辨的殿堂墙基。周边留下几间猪棚（图 1-3）。

1985 年我刚从东北吉林林业设计院调至吴县园林处工作，接手的第一件工作就是修复罗汉寺（图 1-4），虽然此前我已有 24 年设计工作经历，也喜欢研读苏州古典园林，然而，真要从事寺庙古建的修复，却还是感到迷茫，且资金必须控制在 10 万元以内。

我们移建了太湖西山岛南端明月湾古村的清代“瞻禄堂”这座厅堂木构架，作为罗汉寺主殿（图 1-5、图 1-6）。早在佛教初传江南时的东汉六朝时代，就有舍宅为寺的风气，寺庙园林与私家园林并无本质的区别，移建大户人家的厅堂作为寺院主殿，有历史依据。

图 1–2　修复后的罗汉寺前殿山门

图 1–3　当年猪棚仍有迹可循，墙垣处新旧过渡明显

图 1–4　西山罗汉寺修复意境图

图 1–5　修复后的罗汉寺大雄宝殿

图 1–6　瞻禄堂木构架作为罗汉寺主殿

在大殿之西隅筑平台，建茶室，修复明代遗存的前殿，以廊相连。后来，在修复道路时又立两柱石牌坊（图 1-7），完成了这座罗汉古寺的修复工作。

图 1–7　修复后所立罗汉寺石牌坊

根据罗汉寺前巨樟、古紫藤幽静的环境（图 1-8），撰写“梵音风作韵，古树径通幽”联。额枋嵌李根源隶书“古罗汉寺”石刻。

图 1–8　古树径通幽

2. 启园

启园是在东山东麓的一座大型湖滨园林，为旅沪东山金融家席启荪于 1933 年始建，置地约 20 亩，俗称席家花园。

1936 年席启荪钱庄倒闭，经济破产，园工未竟，席氏将园基偿债易主他人。1937 年后被侵华日军占为军营，1945 年光复后被国民党军队接管，其后又屡作他用，仅剩改作他用的镜湖楼、住宅和一段复廊、残丘废池，新中国成立后辟为江苏工人疗养院，已由原来东西 160m 进深，南北近 100m 宽，向北拓至北面河浜北岸，南面拓至南面河浜南堤岸，拓展后的园址南北宽度达 230m，北窄南宽的梯形园址，占地近 50 亩。20 世纪 70 年代又被工厂占用（图 1-9、图 1-10），启园长期处于半废状态（图 1-11 ～图 1-14）。

1987 年政府出资将工厂迁出，开始重修启园。

滨湖地改园，既要最大限度地揭开人与自然素朴和谐脉脉含情的面纱，又要去调适人与自然幽韵相契合，融园林构思于自然山水为一体，源于自然又高于自然。在自然状态下，一些地方，本身处于重要的构景地位，却不具备控制能力，就需要用人为的手段去强化，其手段就是，理水、掇土、堆山、构筑（图 1-15）。

图 1–9　被晶体元件厂改作办公楼的镜湖楼

图 1–10　启园内原金工车间

图 1–11　启园原入口建筑

图 1–12　启园内残垣旧池

图 1—13
启园环翠桥原貌

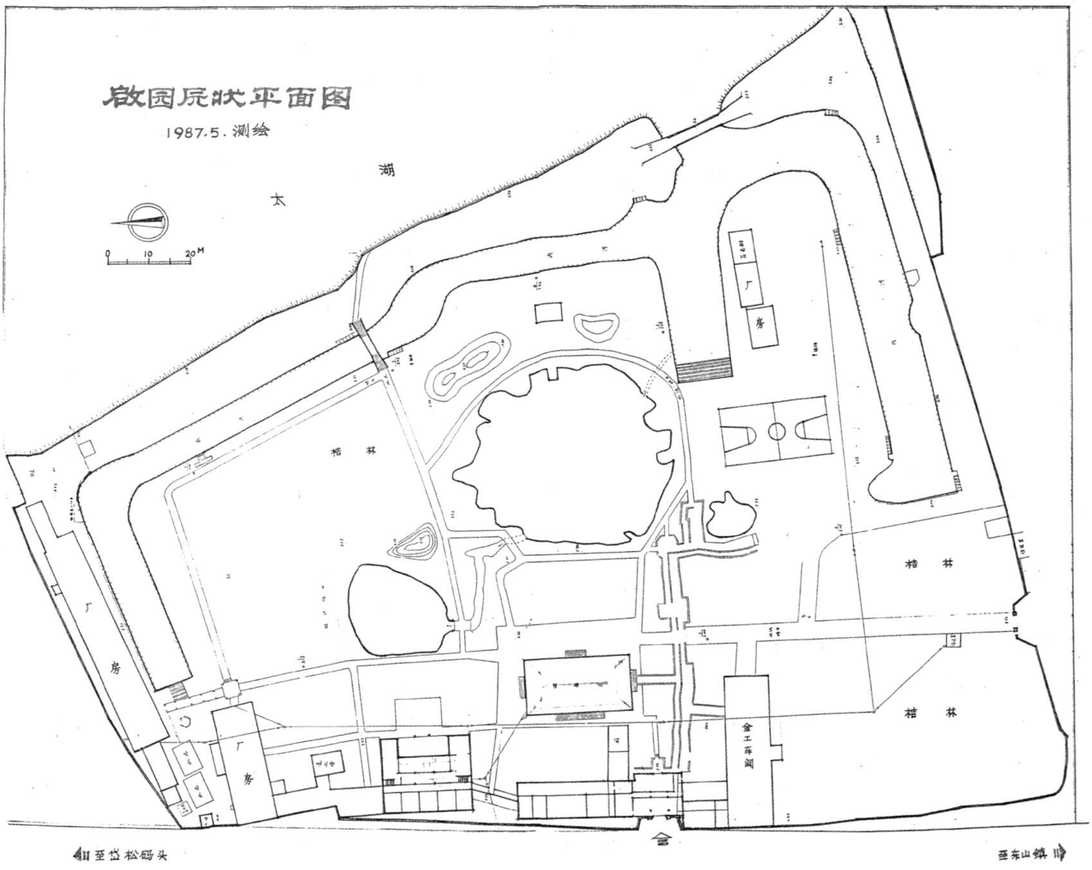

啟园原状平面图
1987.5. 测绘
太 湖
0 10 20M
桔 林
厂 房
金工车间
至东山镇
至岱松码头

图 1—14
启园原状平面图

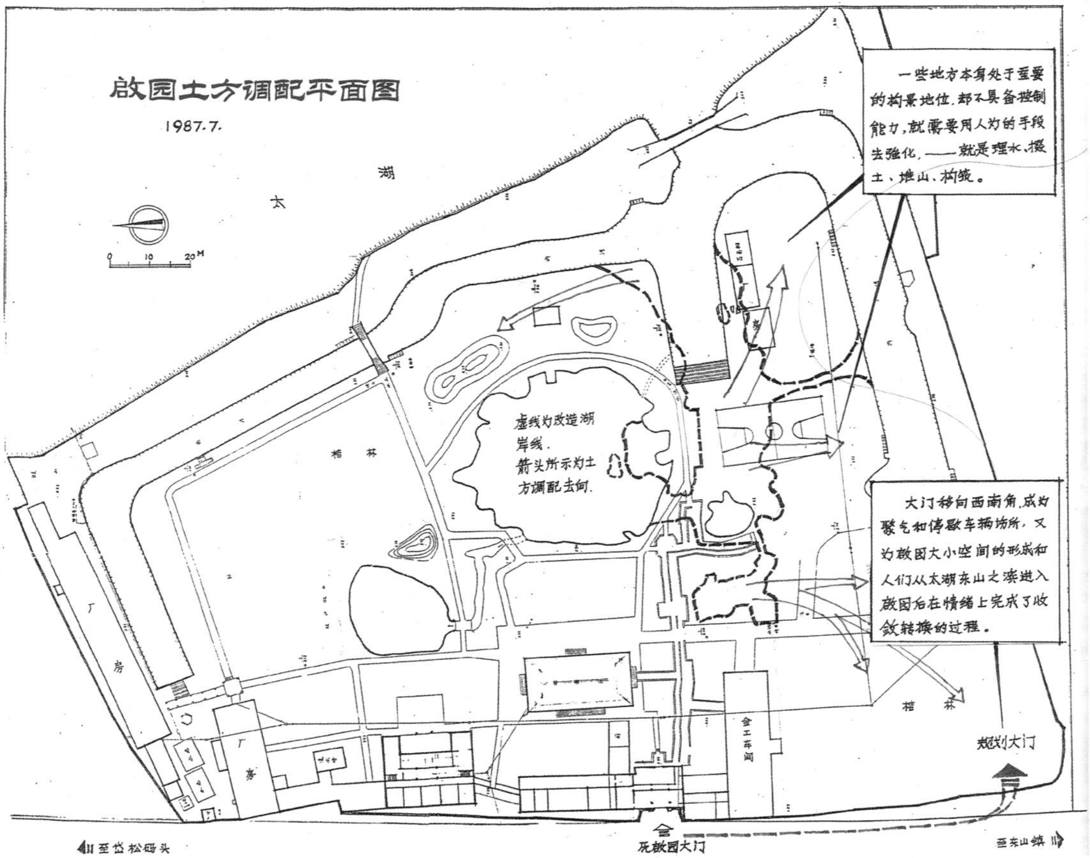

图 1–15　启园土方调配平面图

图 1–16　建设中的启园

重建首先从地形改造入手，将并无联系的池塘河道挖通，挖出来的土方在池之东南堆叠起两座土山，又完善了一座土山，遂使启园东南三座土山“脉接莫厘七十又二峰”，成为东山咎家岭余脉奔腾入湖之渚矶。三座土山顶分别建设不同形式的轩亭，左侧宸幸堂坐北朝南三面环水，四面环有抚廊，宸幸堂西的廊有曲廊与翠薇榭相连，翠薇榭坐西朝东，眼前水面宽达 20m，前面宽阔水系河道景深达百米，右首东山余脉，岗峦起伏，左首曲廊衔接廊桥直抵宸幸堂外廊，台阶前平台宽敞（图 1-16）。

曲桥正好坐落在已废弃的原席家坞大码头（图 1-17），码头宽约 15m，为物尽其用，对码头每块石阶认真丈量，因材设计，细心的游览者会发现，七曲平板桥的跨度是不同的，剩下的短料正好砌成了宸幸堂前平台驳岸（图 1-18）。由于这一组构筑物大部分采用旧料，所以显出了古朴自然的气质。

图 1–17　原席家坞大码头

图 1–18　曲桥纳莲波

图 1–19　启园入口庭院

新建的启园大门，位于园址西南隅，门厅朴实无华，正中镌刻着“启园”两字的匾额高悬于精美的漆雕启园全景图之上，两侧配以隔纱飞罩。屏后庭院是门厅和花园连接的纽带，庭院迎面，太湖石嵌叠于粉墙上，瀑布飞溅，玉兰、山茶、洞庭红橘当院，宛如一幅立体山水写意画（图 1-19）！

东侧叠石小径乘势盘旋而上，与黄石垣墙衔接一体，月洞穿墙而过，隐现着庭院深深；一座小轩骑墙高筑，真所谓“倚垣半屋成敞轩，留得月洞开异景”（图 1-20、图 1-21）。

西侧院墙的漏窗门洞又为庭院送来了柳毅井畔老橘树的几分绿意。景物沿庭院周边布设，随高就低，疏密有度，使这仅四百余平方米的庭院既简洁却又耐人寻味。

柳毅小院（图 1-22）是以“柳毅传书”的故事为文化主题的，古老的柳毅井旁树立着一块由明朝大学士王鏊题刻的“柳毅井”碑石，井边紧贴园墙筑有半亭，以“柳毅”为名，东西游廊贴墙而筑，两条曲廊分别穿过横隔南北的云墙，曲廊随势拾级而上，衔接在名曰“四宜”的建筑两角（图 1-23），细细品味，毫无矫揉造作之态，恰兼具亭、台、阁、楼的特征（图 1-24 ～图 1-27）。

图 1–20　月洞穿墙而过

图 1–21　月洞后别有天地

图 1–22　柳毅亭畔柳毅井

图 1–23　曲廊接"四宜"

图 1–24　外形似亭，只伸一角

图 1–25　山石上有台

图 1–26　飞阁撷秀

图 1–27　从北面院落看去又是小楼一座

凭栏向东俯视又把视线带到"融春堂"前院，"融春堂"是一座正宗的清式木构厅堂，梓桁飞椽，长窗海棠为棂，堂内山雾云、隔堂板、柱头棹木骏马快鹿，处处雕刻精美，水磨方砖镶嵌着墙裙门套，清式几案格外明净，堂前玉兰、曼陀为主，红橘翠竹映衬，假山沿墙叠起，清泉潺潺入池，给"融春堂"顿生几分雅意（图 1-28、图 1-29）。

图 1—28　移建融春堂现场

图 1—29　融春堂内部

图 1—30　改建中的阅波阁

阅波阁和如意小筑相接在融春堂左右，复廊、飞廊、长廊、短廊巧妙地联为一体，组成了大小六个庭院空间，根据人类视觉的完美图形原则，一个封闭的图形容易被看成是整体，每一个空间上的整体，给人一次景的刺激，启园大大小小的庭院空间，使人在情绪上得到多次刺激和引起多次兴奋，在有限的空间中有“无限空间”的感觉。四周简练的绿化配植，门洞、窗洞、天光、树影，形成了深邃的变幻空间（图 1-30 ～图 1-32）。

图 1—31　阅波阁前庭

图 1—32　廊引人随，旷如奥如

从融春堂廊轩向左，便上了“阅波阁”。眼前临水筑榭，三曲平板桥架于小院曲池（图 1-33）。榭东水面宽广，顿然开朗，小湖连着大湖，清澈的池水和太湖烟波相连（图 1-34）。

图 1—33
翠薇榭

图 1—34
榭东杳杳波涛

从飞廊下去，转过回纹平底圆门（图 1-35），即为启园主建筑镜湖楼（图 1-36），俗呼“四面厅”，是席氏建园时在沪购得的一座拆迁的楼厅，移建于启园内，四面二层，端庄典雅。修复后，楼的周围遍植牡丹、山茶、含笑、桂花、红枫、蜡梅、铁牙松等，东面有五老峰、真竹假笋（图 1-37）。站在楼上开窗启牖，视野豁然开朗，青山送到眼前，绿水缓缓而来，建筑与山水融为一体。

图 1—35
飞廊尽头洞门开

图 1—36
镜湖楼

图 1—37 四面厅环翠挹秀

镜湖楼前的宽广水池与翠薇榭前的水池又是相通的，以一座廊桥以及宸幸堂作为分割（图 1-38）。廊桥曲线柔美，斜跨于水面上，暮色晨曦，桥影流虹，极具诗情画意（图 1-39）。宸幸堂与廊桥相连，南面有平台临池，黄石为岸，池中植莲，红白相间，是赏荷佳处（图 1-40）。隔一泓清水、一弯曲桥，在遥对厅堂的山冈筑撷银轩，土山之巅设晓澹亭。撷银轩东面山林中有一株古杨梅，传说为康熙手植，西面又有一株古银杏，与山上的杜鹃相映衬，形成了“梅伴银柯山着花”的景象。至于驳岸，顺着莫厘峰余脉展开（图 1-41），矶渚浸沉在杳杳波涛之中，树梢间、桥洞中送来了几分太湖的气息，春风轻拂着园中的池水，这便是“池映半园水吟风”（图 1-42、图 1-43）。

图 1—38 曲渚斜桥画舸通

图 1—39
廊桥下水影涟涟

图 1—40　赏荷佳处宸幸堂

图 1—41
莫厘峰余脉入园

图 1–42　宸幸堂前池映半园水吟风

图 1–43　池映半园水吟风手绘图

图 1–44　漫步廊榭

漫步于廊榭之中，又随游路这个无声的导游，或临水或登高，空间抑扬转换自如，构景藏露开合自然（图 1-44）。

启园的水系由大小 5 个湖河组成，和东面号称五湖（太湖古称五湖，即菱湖、胥湖、游湖、莫滮、贡湖）的波涛相连，这就是“波联五湖三万六千顷”。挹波桥如垂虹衔接长堤，菱湖之波穿过桥洞悠悠消失在曲桥两侧，环翠桥又连堤跨河通向茂密的橘林，桥头岗丘“翠韵”亭高筑，上亭望去，亭台楼阁又组成新的图画，天光云影徘徊在堂前屋后的池水之中，小桥飞虹，抚廊曲院，步移景异，在诸多的建筑中，要数体量高大的镜湖楼最为突出，它檐宇雄飞，雕梁精美，楼上隔扇镂空（图 1-45）。园外峰峦逶迤，苍翠欲滴，园内著名的东山枇杷、杨梅、洞庭红橘、碧螺春……果树成林，地面上绿草如茵。

由于人的眼睛生理对光谱 555nm 的黄绿部分感受最高，而启园到处耀着绿色的骄傲，飘溢着果香，因此会留给游人舒心悦目的快慰。

启园的改造在继承苏州古典园林技术的同时，设计中不断探索构景空间的形成：理想的一分钟游程，知觉的主导组织结构，完美图形原则，构景的理想画面，构景曲线（图 1-46）……

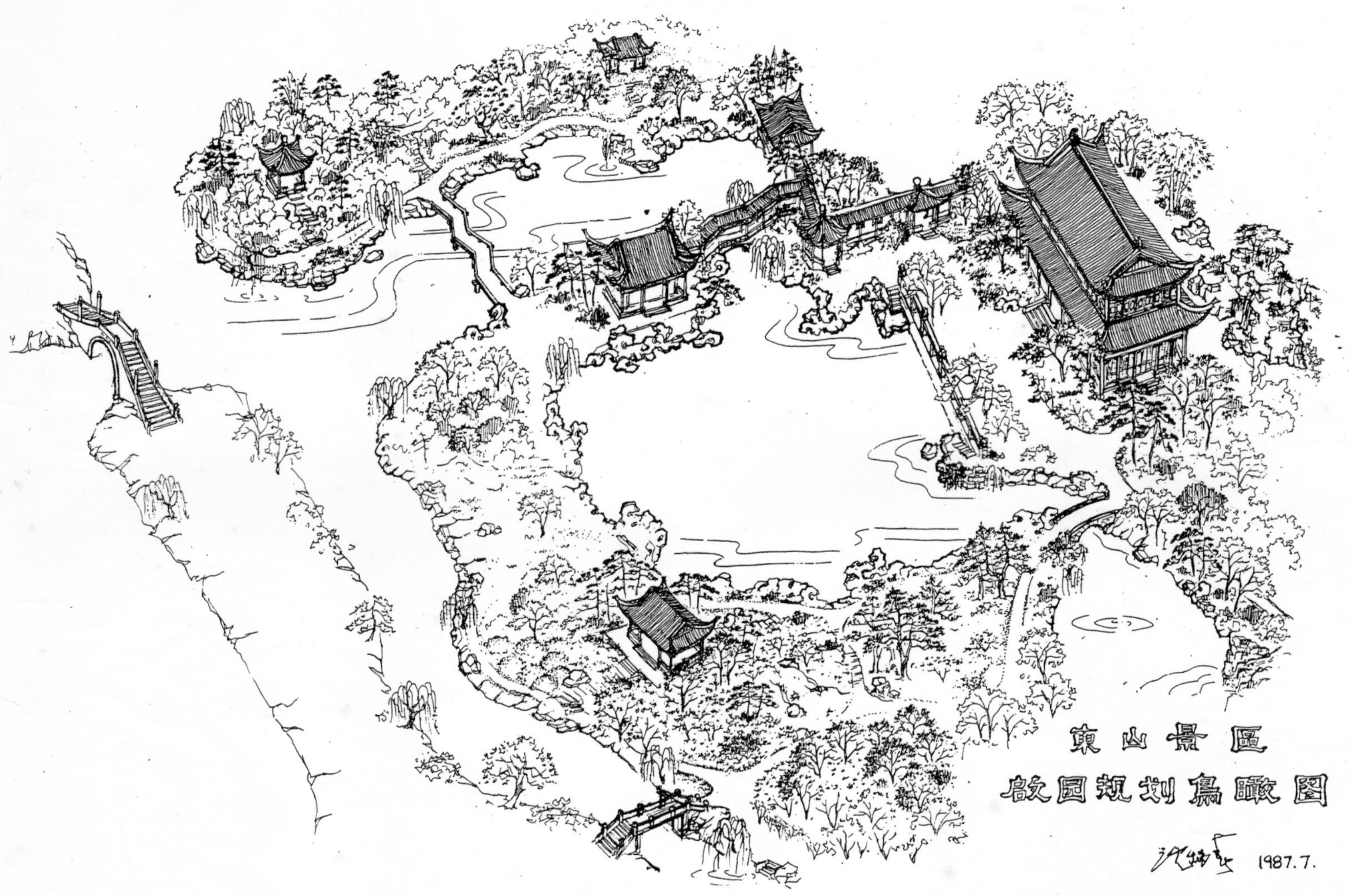

图 1–45　东山景区启园规划设计第一张鸟瞰图

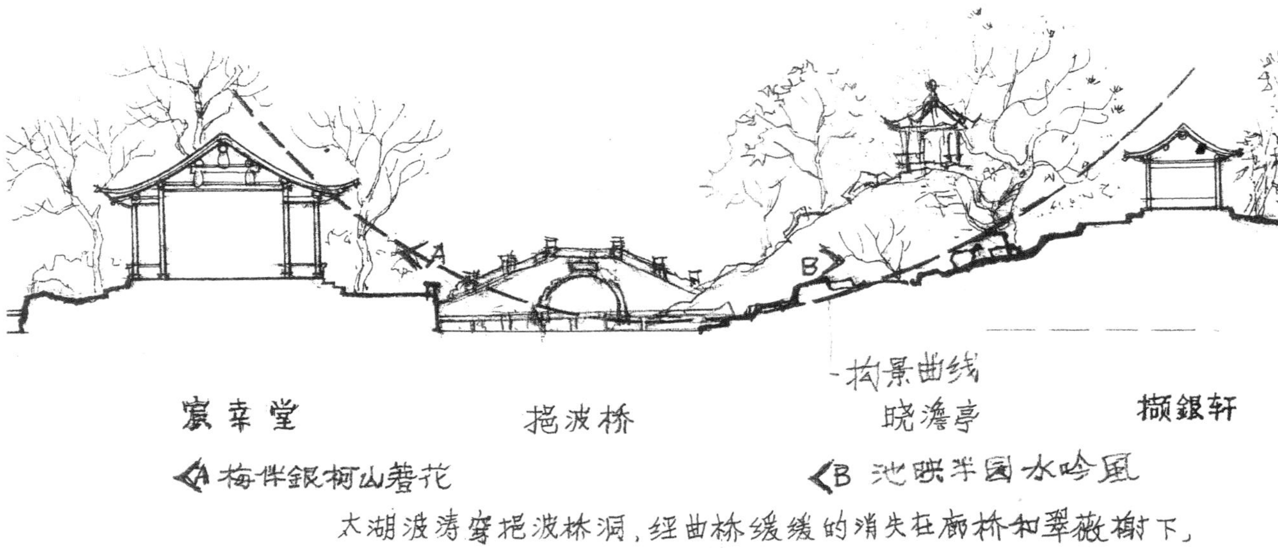

图 1—46　启园构景曲线

在启园变幻复杂的组景之中，设计始终把“脉接莫厘七十又二峰，波连五湖三万六千顷”这一特有的地理位置进行强化，把太湖山水作为知觉的主导组织结构，以地方花木为基色，以秀巧园林建筑作点缀，经过景物的反复烘托，引导，命名，题词点化，不断得以强化，把启园所处的地位推向高潮，给游人留下强烈的印象（图 1-47 ～图 1-49）。

“杳杳波涛阅尽古今春华”，杳杳波涛阅尽了古往今来的烟雨风云；“峥峥峰峦铭记万世秋实”，莫厘峰的余脉蜿蜒在脚下，峥峥峰峦铭记着可歌可泣的人间沧桑。这就是设计时给游览者留下的意境。所谓意境，是一种飘然于物外之情，是画外音，是在外形美之上寄托有一种崇高的理想，是设计者自己的理想和情操通过作品传达给人们的一种主观精神。实际上是无法用语言和判断加以描述的一种境界，是对意象的超越。

修园花絮——工地上夜半怪声

1987 年启园修复时，由于晶体元件厂迁出时，一些设备拆迁，门窗歪斜脱落，棚顶塌陷，作为施工单位的暂设工程，利用原有建筑作施工人员的临时住所是最理想的事，钱乃幸等一帮工匠入住当时比较好的住宅小楼，不久又搬到金工车间西边的破厂房里住下，问他们这么好的小楼不住，为何到这阴凉潮湿的破厂房里？他们回答道，住在小楼里，深夜经常出现奇怪的声响，这些老山石匠人回想到五十年前，抗日战争时期这里曾驻过侵华日军，当时承包水作的胥口上供村匠人汤狗大，忘记带良民证，人高马大的汤狗大被日寇打了一

图 1–47　启园第二张鸟瞰图（1994 年 6 月修订）

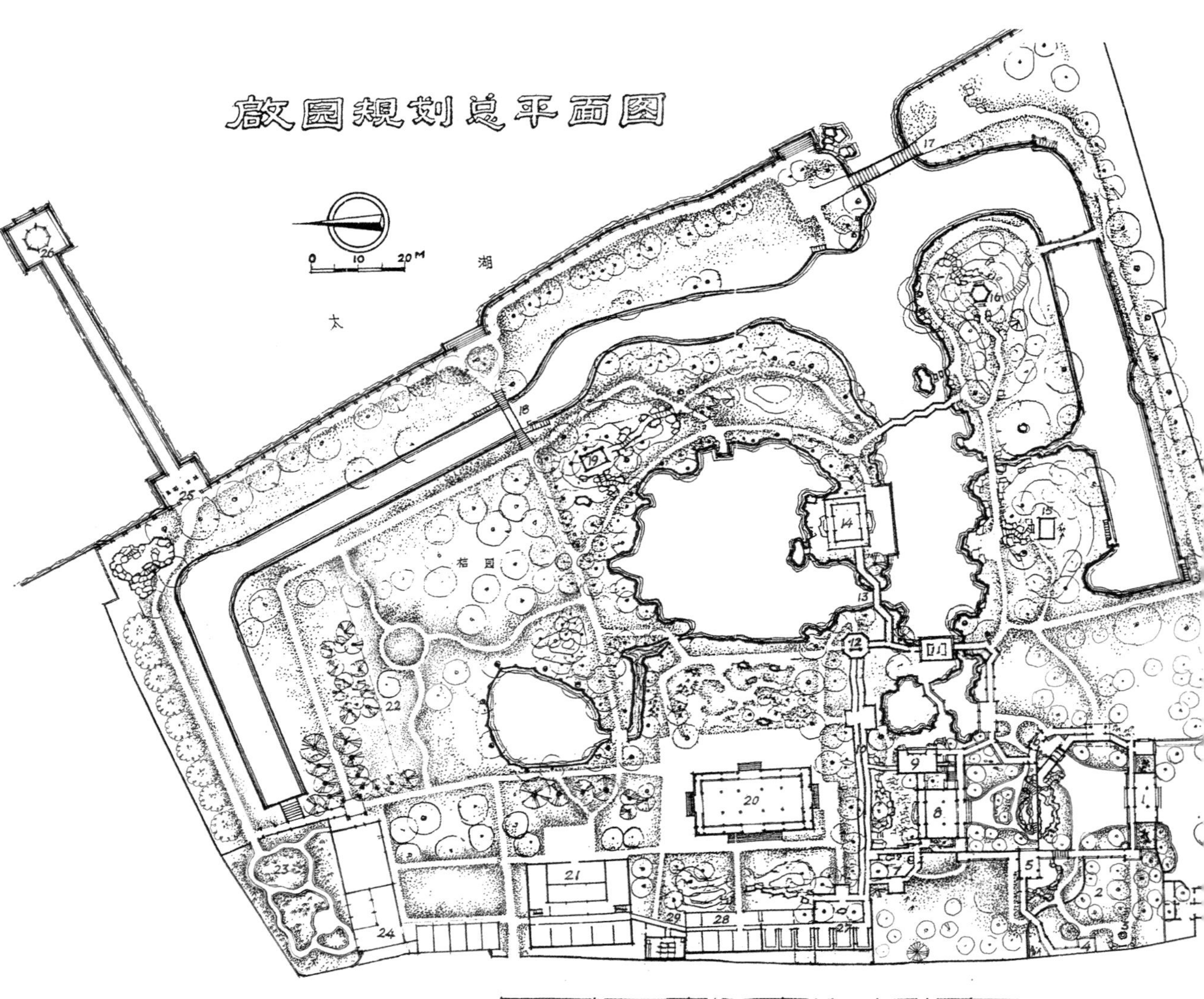

图 1—48 启园规划总平面图

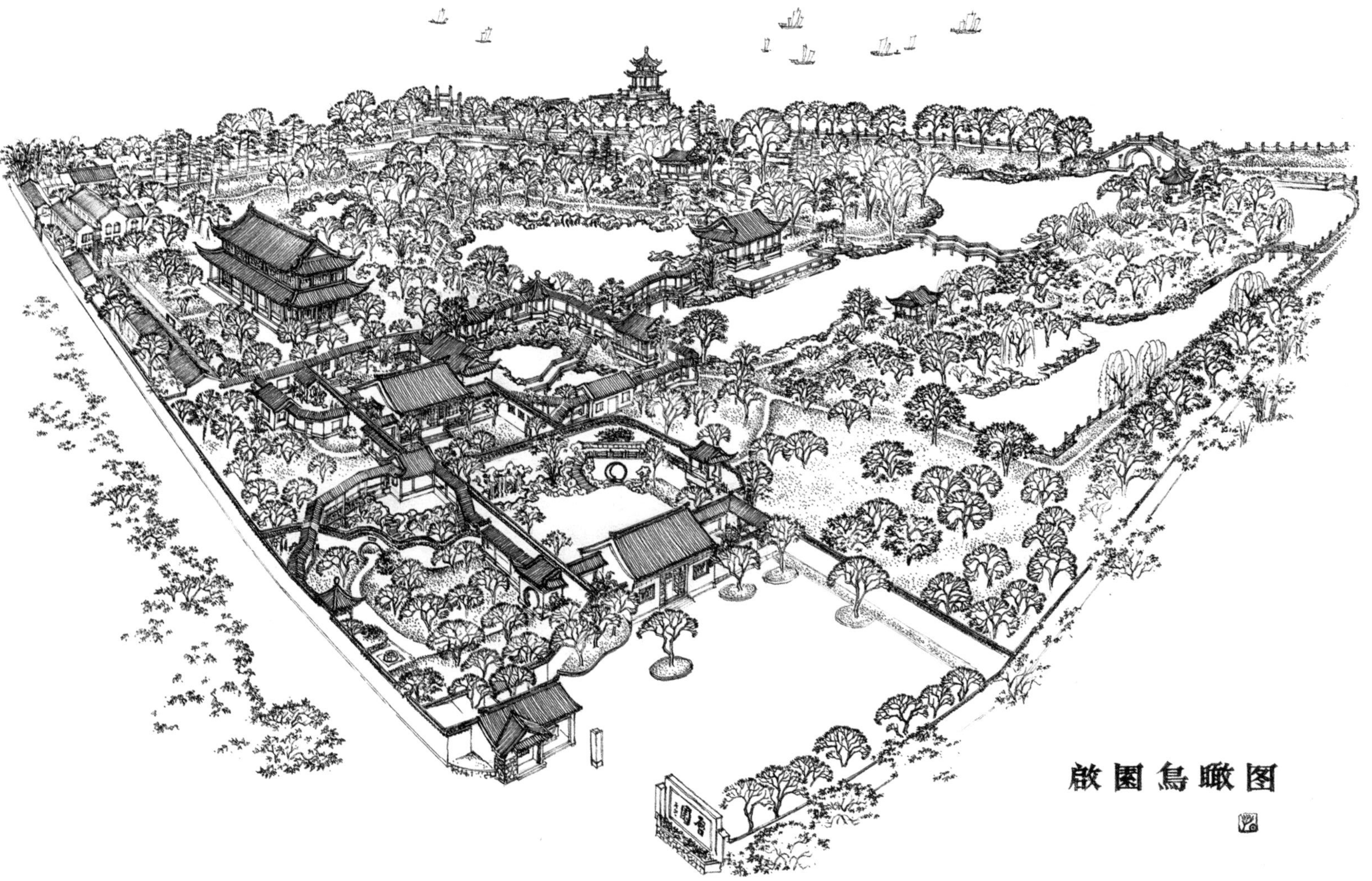

图 1—49　启园第三张鸟瞰图（1999 年）

顿耳光，心里憋了一口怨气，一天，天空阴雨霏霏，汤狗大到后面山上解手，冤家路窄，恰巧又遇上这名日军，也蹲在粪坑边出恭，鞋底上山时踩了一脚泥水，蹲在茅坑边的石条上，一紧张，脚下一滑，竟然掉进了粪坑。山上的粪坑，原是当地果农利用低洼水坑，以石头驳砌的积肥又能收集山水的积肥坑，村民又经常把山上割来的蔓草扔进坑内沤肥，这位军爷掉入粪坑后，被杂草缠住，终于没有从粪坑中爬出来。汤狗大在旁看见后一阵紧张，内心倒也出了一口恶气。

回到工棚，也不敢吱声，想想这种时势，工钱也结不到，推说在胥口其他地方有生活做，也就不到启园工地做了。驻启园日寇发现少了一名日本军，找了好一阵，才在咎家岭山坡发现淹死在粪坑里，也找不到任何谋杀的踪迹。后来听说，日寇杀了个中国人才了事。直到日寇投降后，汤狗大才讲了这段故事，年近古稀的钱、殷两位堆山匠师回想到这些往事，住在小楼上，脑子里总有挥之不去的阴影和恐怖感觉。所以就不愿意住在这里了。启园改作疗养院后，又有人在小楼上割脉自尽，楼板上淌满了鲜血，给小楼更增添了几分恐怖。

随着重建启园工程全面展开，香山古建五分公司徐建国带领工匠们进驻启园工地，这帮工人由于没有经历过启园 20 世纪 30 年代初创时的经历，所以住进了小楼后，没有感觉到什么阴森恐怖。一天园林处的技术人员，到工地处理施工中有关事务，由于要处理事情较多，只能在工地住下了，刚躺下不久，就听到小楼里奇怪响声，久久不能入睡，只得搬到其他房间去住了。后来这种奇怪的声音也时有发生。工地上也只好把它当作见怪不怪的平常事而已。

启园首期重建工程已进行到关键时期，需要我在现场处理的技术问题也多了，当天已没有公交车能回城区了，只能住在工地了。徐建国很客气地把他的床让给我睡，蚊帐等设施一应俱全，作为工地来说，这样的宿舍应该说是相当好的设施了，徐建国和师傅们告诉我，这个房间挺好的，广漆地板，只是“文化大革命”期间，有人割腕自杀，地板淌了不少血，已是二十多年前的事了，建国接着说，我每天睡在这里什么也没有发生过。其实我知道徐建国是一上床就会呼呼大睡，大家说了一会闲话就各自歇息。我上床躺下后，想到白天在工地上看到工程进行中发现的问题：撷银轩山脚下池边的矶石如适当调整几块黄石的叠法，可能真山余脉的意境会更好；曲桥与黄石驳岸的衔接也需要推敲；两座土山上的敞轩的水戗戗角下的里口木似乎搁置上有点问题……想着想着早已是夜深人静，正欲入睡，突然之间传来“咯咯，咯！呜——”的响声！声音中带着恐怖，过了不一会，又响了起来“咯咯咯！呜——”。这种突如其来的响声，完全把我惊醒过来。赶紧打开电灯一看房间内并没有耗子之类小动物，楼窗外树枝纹丝不动，根本没有阵风吹过，住宅西边的公路也没有汽车开过，周围静得出奇，想到下午穿过楼下大厅时，被拆除设备后的大厅和厢房一片狼藉活像电影《夜半歌声》的场景，越想越觉得阴森恐怖。一阵紧张的情绪之后，头脑开始冷静下来，想想，鬼是没有的，刚想到这儿“咯，咯，咯！呜——”的声音又响起来了。这时我竖起耳朵听听这声音的出处，约摸过了十几分钟，从东南方远处太湖湖滨路（这时还是太湖防洪堤兼作的砂石公路）传来了卡车开过的声音。这时想起了 1965 年底至 1966 年初在吉林林业设计院和吉林大学联合做钢屋架结构实验时，吉林大学老师在讲述结构振动时讲到过共振现象，当振动体发出的振动频和物体的固有频率相同时则会出现共振现象。想到这栋小楼建在咎家岭湖滨地带，和湖滨道路一样都属于软弱地基，路基和房屋地基是连通的，当这辆汽车开动时所产生的振动频率，正好和小楼木结构的固有频率相接近时，便会出现共振现象。这种振动波在固体传导时要比声波在空气中传导得快，所以在感觉到建筑结构振动时，并没有感觉到汽车的振动。想到这里，这一“鬼怪”现象，终于找到了科学原因。后来又听到了这种房屋结构振动声响，和过了片刻后远处传来的汽车开动声音。终于在静静的深夜进入了梦乡。

3. 园林与刺绣艺术的结合——古松园

古松园是清代后期木渎四大富贾之一的蔡少渔宅第修复辟建的宅第园林，因园内有五百年的罗汉松而得名（图 1-50 ～图 1-54）。总占地 3160m^2（4.74 亩），建筑占地 1312.2m^2 总建筑面积 1920m^2。

这座富贾宅园是略早于东山春在楼的中国“巴洛克”式建筑类型。它的门楼（图 1-55、图 1-56）上雕刻的历史故事和其他一些构件上的吉祥图案，后楼（图 1-57、图 1-58）轩

图 1—50　古松园罗汉松

图 1—51　古松园古松堂

图 1—52
古松堂内景

图 1—53
古松堂整修一新的雕花梁架

图 1—54
整修前的古松堂

图 1—55
修复前的砖雕门楼

梁上雕刻的凤凰图案据传是春在楼建筑的前期作品。保护好这座封建社会即将灭亡、资本主义社会萌芽初现时期的建筑，显然有着重要的历史价值。

古松园的花园部分（图 1-59 ~ 图 1-61）面积仅 2075m^2（3.1 亩），其中水池 325m^2（0.48 亩）。设计采用了周边布局的下沉式空间（图 1-62）。园内以 8 种形式 120m 长的连廊环绕古罗汉松（图 1-63），又避让了古银杏树（图 1-64、图 1-65）和其他几棵高大的女贞树，单层和双层走廊高低错落（图 1-66），互相穿插，曲折有致地将这小园分割成大小 8 个庭院空间。他们互相渗透，形成了古松园独特的变幻空间。连廊为古松园创造极其丰富的观瞻点的同时，也保护了名树古木。

沿着西北围墙堆叠的风韵独具的湖石假山，山岩上喷泻的两级瀑布使山林增添了一派生机。瀑布边山岩上“溢香流韵”的题刻，连接着馆娃宫西施沐浴的香露和响屧廊中金玉步的韵律，仿佛将两千五百多年前的故事和小园融为一体；假山内双层盘旋曲折，变幻自如的洞穴空间，仿佛是蔡少渔家乡林屋洞的片断；将灵岩山借景于园内，使小园的山林景色和灵岩山气韵相接，仿佛就是灵岩山的真山余脉（图 1-67）。

万亩之园难以紧凑，数亩之园难以宽绰，而古松园采取了一系列空间构思手法，充分借景灵岩山，使有限的空间获得无限之景，园虽小却显得宽绰，且其文化内涵和木渎景区沟通，使小园另有一番耐人寻味的意境（图 1-68）。

山洞以北是新建的姚建萍（联合国授予姚建萍民间艺术家称号）刺绣艺术馆，占地 3129m^2，由展馆、厅堂及办公

图 1-56　修复后的砖雕门楼

图 1-57　整修前的凤凰楼

图 1-58　整修后的凤凰楼

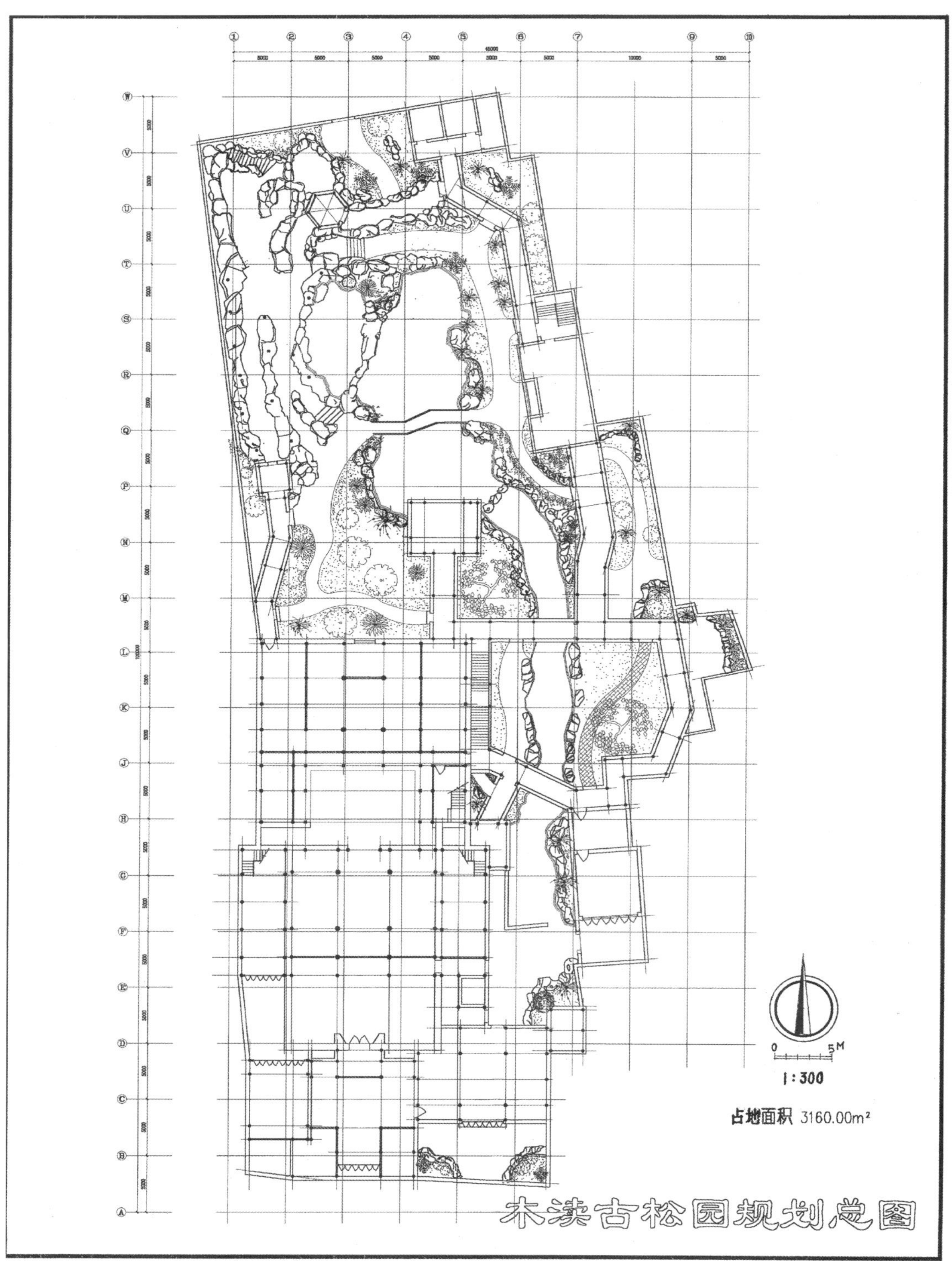

图1—59 木渎古松园规划总图

图 1–60　古松园内旧厂房，隐约可见灵岩山

图 1–61　旧厂房变花园

古松园规划方案鸟瞰图

1998.8.

图 1–62　古松园规划方案鸟瞰图

图 1–63
古松园斜廊
与古罗汉松

图 1–64　凤凰楼与古银杏树旧照

图 1–65　连廊避让凤凰楼边古银杏树

图 1–66　连廊高低错落，庭园深深

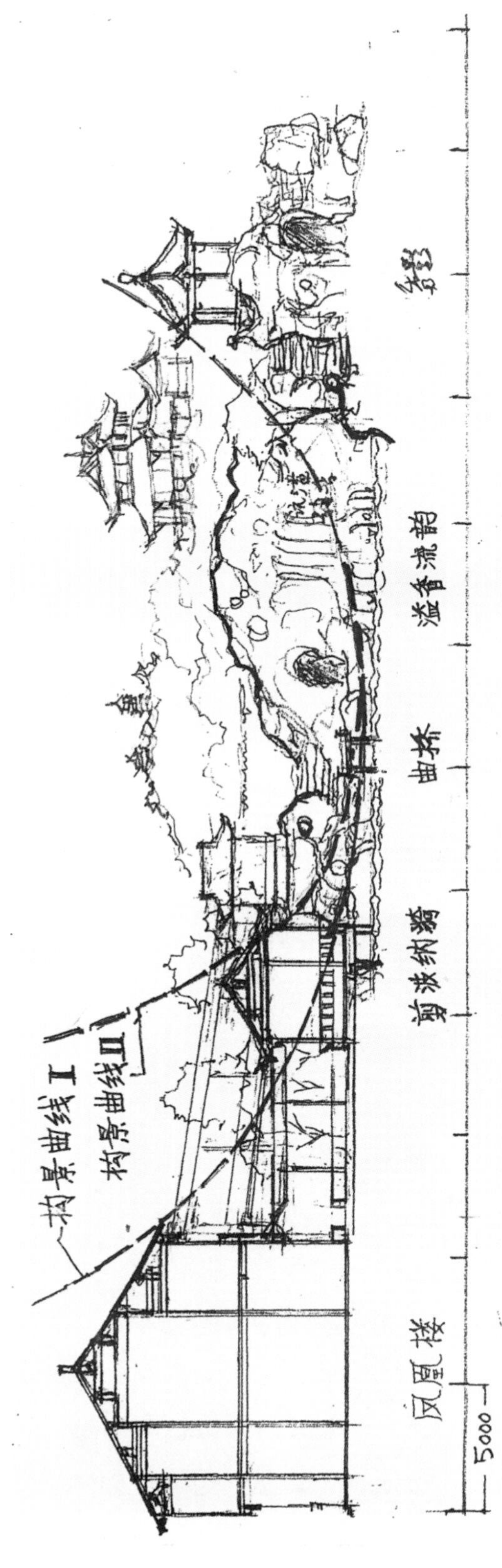

图1-67　古松园构景曲线

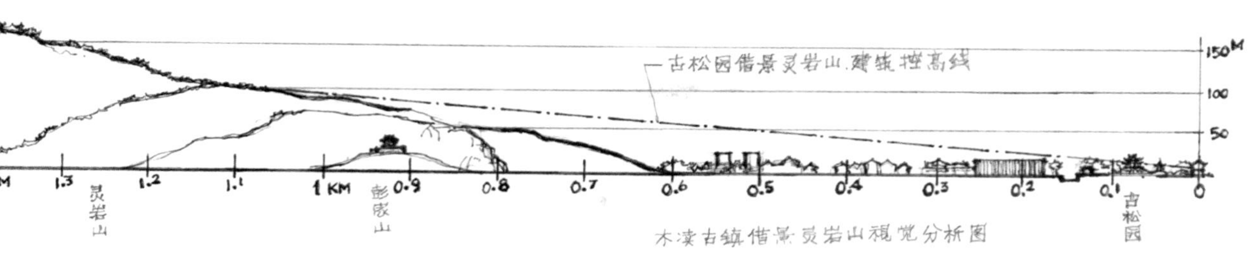

图 1–68　古松园借景灵岩山视觉分析图

楼组成（图 1-69）。展馆内 2 层结构，其陈列的绣品都是当今刺绣艺术的珍品，在建筑上，第二层设有四十多米的环廊，使得中庭空间产生了扩大的感觉（图 1-70），展馆屋顶则是以箭阁式观景楼台作为点缀（图 1-71）。展馆左侧是三间十界硬山形式的传统厅堂。在展馆和厅堂之间，后座为 2 层办公用房，又有曲廊连接展馆和厅堂，由这些建筑围合而成的小院里再种上梅花、迎春、桂花等，花开季节，满院飘香（图 1-72）。当人们穿过山洞，映入眼帘的是一组空间组合丰富的楼阁建筑群落，典雅之中又不失气度。姚建萍刺绣艺术馆是同属吴文化的园林建筑和刺绣艺术的最佳结合。

图 1–69　秀雅园林藏苏绣

图 1–70　展馆内部

图 1–71　箭阁式观景楼台

图 1–72　楼前小院，春意盎然

4. 补作“春在楼”鸟瞰图

东山春在楼，俗呼雕刻大楼（图 1-73），2006 年列为全国文保单位。春在楼原为金锡之、金植之之私宅，始建于 1922 年，历时 3 年，耗资 3741 两黄金。此时国家自清朝后期以来，长期处于战乱状态，随着封建制度灭亡，旧的建筑等级制度也已消亡。春在楼在整体设计上是中西结合，有点中国式建筑的文艺复兴形态，以中为主，长期以来香山帮的能工巧匠，虽然建筑的机会不多，但他们始终不忘习艺，积聚了丰富的技艺，在春在楼的建设中得到充分发挥，这些能工巧匠善于将文人们的浪漫思想融进建筑构件之中，因此东山春在楼是“香山帮”建筑雕刻的代表作。

图 1–73　春在楼入口处

门楼前有照墙，嵌有“鸿禧”二字（图 1-74）。门楼一面是“天锡纯嘏”砖雕，意即天赐你大福，另一面为“聿修厥德”砖额（图 1-75），意为不可不修德以合乎天命，从而求得多福。“聿修厥德”下的平台三星高照，三根望柱上分别圆雕“福、禄、寿”三尊塑像，象征幸福、吉利和长寿。上枋是圆雕“八仙庆寿”，中枋横幅圆雕“鹿十景”，下枋

图 1–74　门楼前照壁

图 1–75　门楼雕镂

横幅贺雕“郭子仪上寿”，寓意“福寿双全”。右侧兜肚圆雕“文王访贤”，寓意“德贤齐备”，左侧兜肚圆雕为“尧舜禅让”，寓意“贤”。顶脊正中置万年青古青瓷方盆，寓意“洪福齐天，万年永固”。戗角吞头塑“鲤鱼跳龙门”，此外，门楼上还塑有“独占鳌头”、“招财利市”等图案，这些都隐喻“福、禄、寿、禧”，展示出匠人炉火纯青的浮雕、圆雕、透雕等技艺外，也寄托了民间的美好愿望。

春在楼的前厅，五间带厢，九檩带前后翻轩，圆柱扁梁，墙壁都用磨细方砖通体贴面。厅内布满雕刻，图案优美，错落有致，仿佛珍禽翱翔于雕梁之间，瑞兽奔驰于画壁之中。

包头梁的三个平面都镶着用黄杨木雕刻的三国演义故事，在大厅前的长窗和短窗上分别雕着二十四孝的故事。门上的古钱门环，门槛上的铜蝙蝠，这就叫伸手有钱，脚踏福地，抬头有寿，出门有喜，进门有宝，回头有官等等，这样匠心独具的设计和安排是为了讨得一连串吉利的口彩（图 1-76、图 1-77）。

图 1–76　春在楼第一进院落

图 1–77　春在楼第二进院落

春在楼精美的建筑艺术早已名声在外，1991 年初应社会各界呼声，欲将春在楼正式对公众开放，有关部门遂组织专家进行会商、鉴定、布展。由于春在楼缺总貌图，为此细心勘察，绘成吴县东山春在楼鸟瞰图，以补缺憾（图 1-78）。

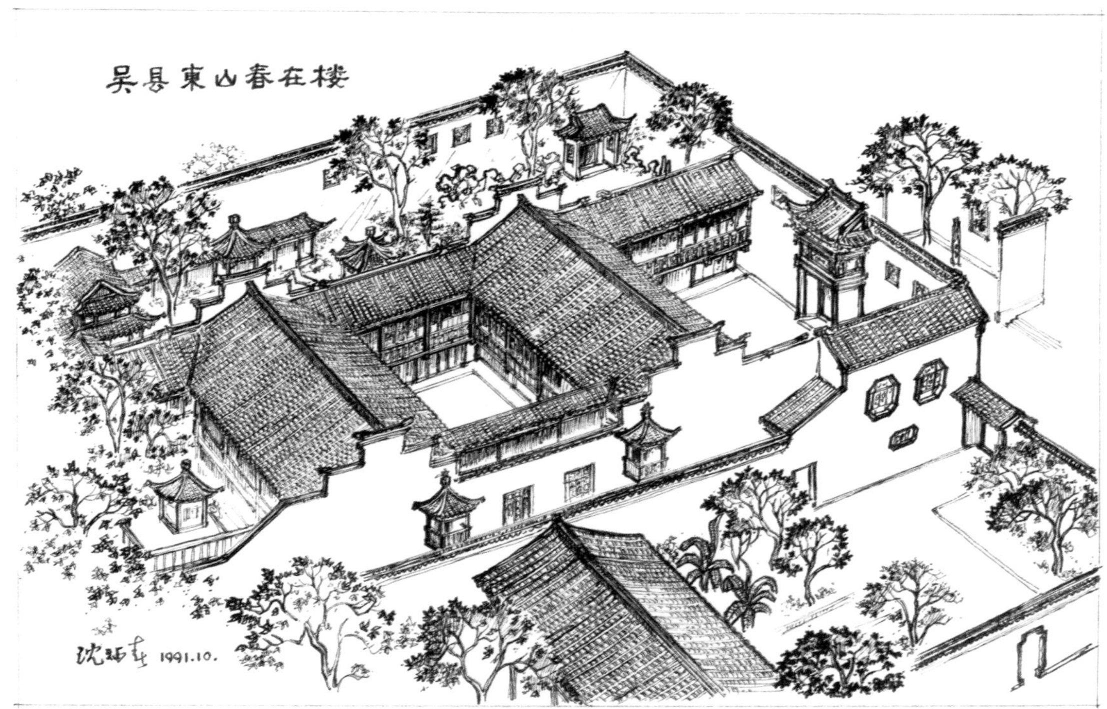

图 1–78　补作“春在楼”鸟瞰图

二、构园之思

陈从周先生说："造园一名构园，重在构字，含意至深。深在思致，妙在情趣，非仅土木绿化之事。"

为私人构园，采用传统构园理念，园主人的品位高低、喜好等都很重要，然后，因地制宜进行规划。

在傍古城景区构园，则更应注重对原有风景及古典元素的巧妙利用。

1. 郑氏悦湖园

悦湖园位于渔洋山之麓，东襟香山，西衔太湖，为旅美的浙江慈溪籍华商郑德明的私园。郑先生系爱国华人，旅美前为上海新闻工作者，其堂姐堂哥都是抗日英雄，堂姐就是电视剧《旗袍》的女主角原型郑苹如。郑先生青睐苏州浓浓的文化氛围，喜爱太湖之滨宁静无商业喧嚣，在太湖山庄购房筑园，以娱晚景。

花园部分仅 3 亩，却分了 3 次历时 8 年才逐渐扩建而成（图 2-1 ～图 2-4）。

图 2–1
悦湖园鸟瞰图（1994 年 10 月）

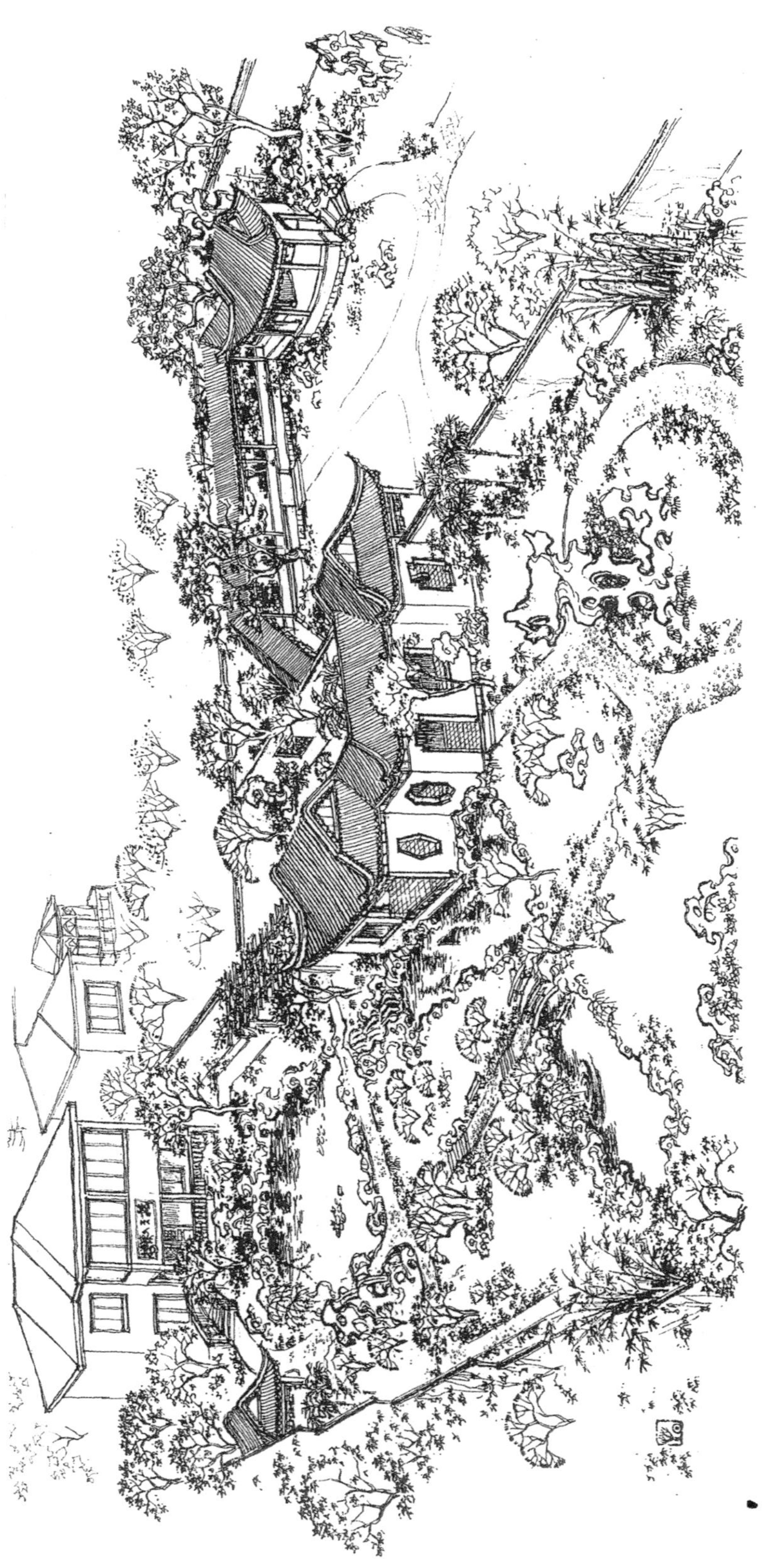

图 2-2　悦湖园鸟瞰图（1997 年）

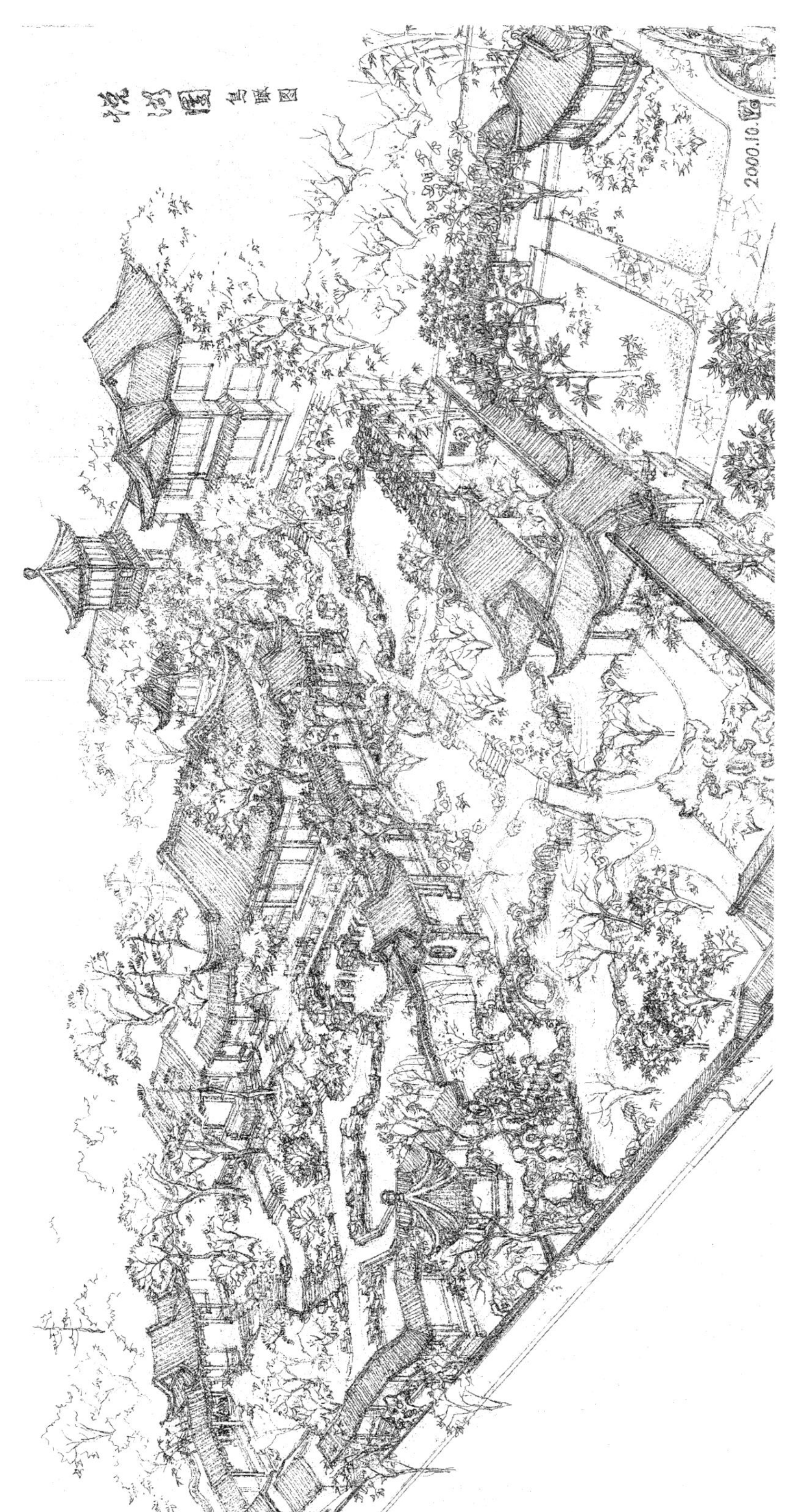

图 2–3　郑氏悦湖园鸟瞰图（2000 年 10 月）

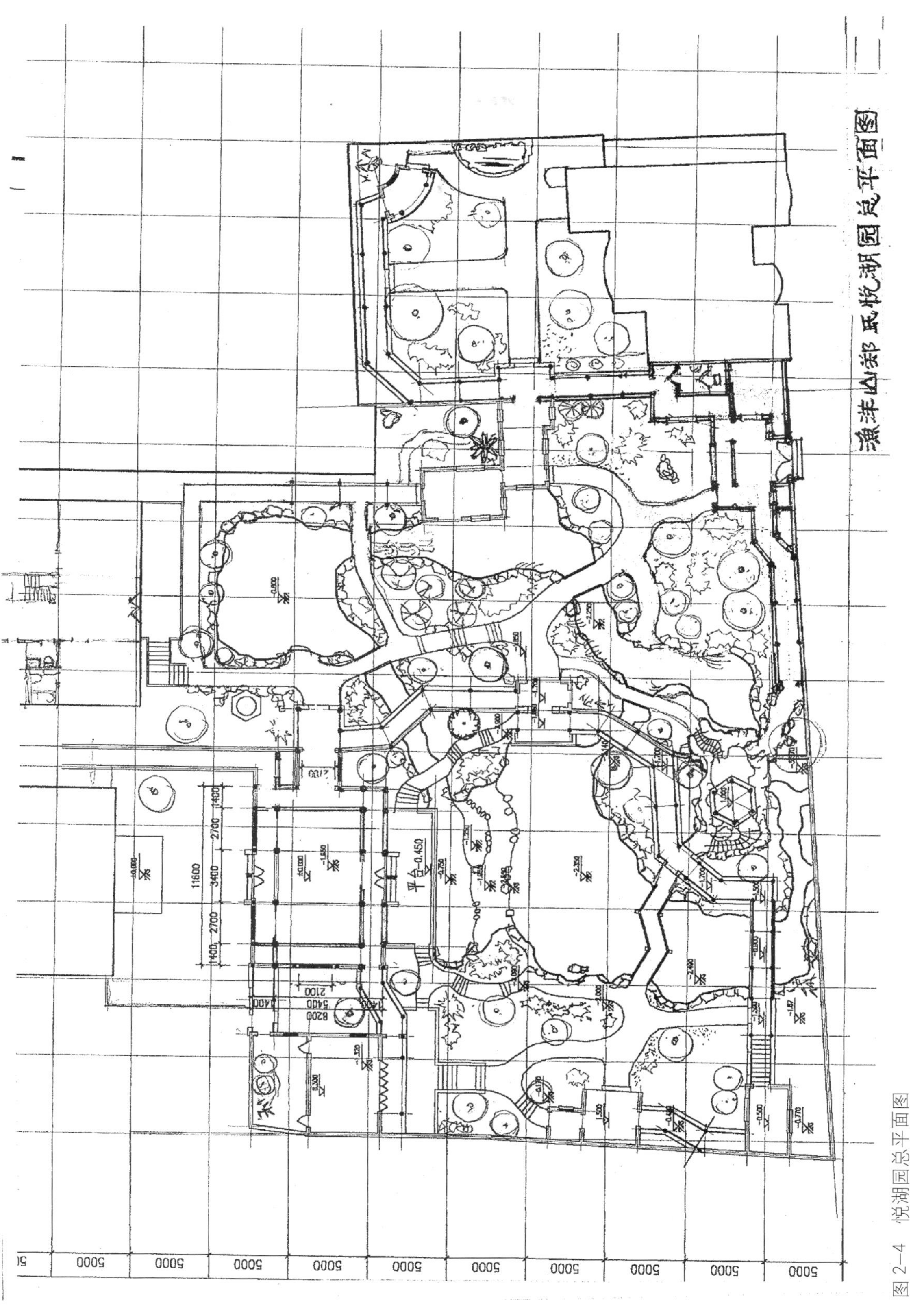

图 2–4　悦湖园总平面图

我曾撰写《悦湖园记》记其构园始末，兹录于下：

甲戌（1994）初秋，郑子伉俪适游姑苏，友人殷介一见如故，得以畅谈吴越人文之美，造物孕育之奇，湖山今古，物换星移，已历数千年矣，相为赞叹不已。郑子有宅处渔洋之麓，东襟香山，西衔太湖，庭前有地亩许，托余构筑园景，欣然应允。冶园乃随地赋形，拳石叠岸，初成水系，中部折拐之地，设藤架亭榭，游路随机，园内遍植乔灌花卉（图 2-5、图 2-6）。稍后增筑“数数亭”（图 2-7）。改亭榭为“群趣”小筑（图 2-8），藏先生同窗於世达楷书赤壁赋。丙子（1996）仲秋，稍有亭园初貌，此为悦湖园之翘楚。

图 2–5　郑氏湖山入怀楼

图 2–6　藤架荫中细路分

图 2–7　数数亭

图 2–8　群趣小筑

丁丑（1997）从商旅退隐的郑昭先生移情造园，每次海外返吴，小园有情，“桂兰含笑迎春”。又有世界各地亲朋好友造访，于是又购得东南向住宅，宅后有园地四分，正与“群趣”小筑相连。设半亭曰“慈晖”（图 2-9），向北曲廊沿界墙接东北角扇面亭悬“信望爱”匾（图 2-10）。向左，一组斧劈石突兀，犹如文峰壁立，峰下一泓清泉（图 2-11）。文峰恰好与“慈晖”半亭对景。庭院虽小，由于采用周边布局，扇亭尺度相宜，院小不显局促。院内植枣柿、枇杷、杨梅，称宅为嘉果阁（图 2-12）。

图 2–9
慈晖亭

图 2–10
信望爱亭

图 2–11
渴慕假山石

图 2–12　嘉果阁

三四年交往，和先生已是忘年之交。常同游太湖东西山景区，领悟太湖山水自然风光之美，畅谈吴地文化之悠远。而悦湖园每成一景，先生便斟酌切磋，撰联题额，形诸梦寐。先生无论在美国还是在台湾，短则一周，长则一月，必通话长谈。先生感叹“四美俱，二难并”确非易事。每每陪他的友人游闲于余在东西山的风景园林之作，感慨万千。于是，先生造园兴趣益发浓烈，恰好宅西有未售小楼和一亩六分空地，园地沟壑贯南北，西侧已是山坡，地形高差达3.8m。反复磋商，先生购下此宅和园地。庚辰年（2000）邀我继续悦湖园之作。

于是在园之南首辟建门厅，厅内悬“风吟千秋”匾（图 2-13）。门厅由廊连接东西，又以假山洞穴直通西园。连廊镶两方石刻：一为先生伯父郑钺（同盟会员）墨宝（图 2-14），以资纪念；廊中为先生自撰《悦湖园雅集记》。中部和西部山坡池岸叠石截然不同，它被一条随高就低、循景曲折的走廊和廊桥进行恰到好处地分隔，从而使不同的叠石空间又和谐地连为一体（图 2-15）。

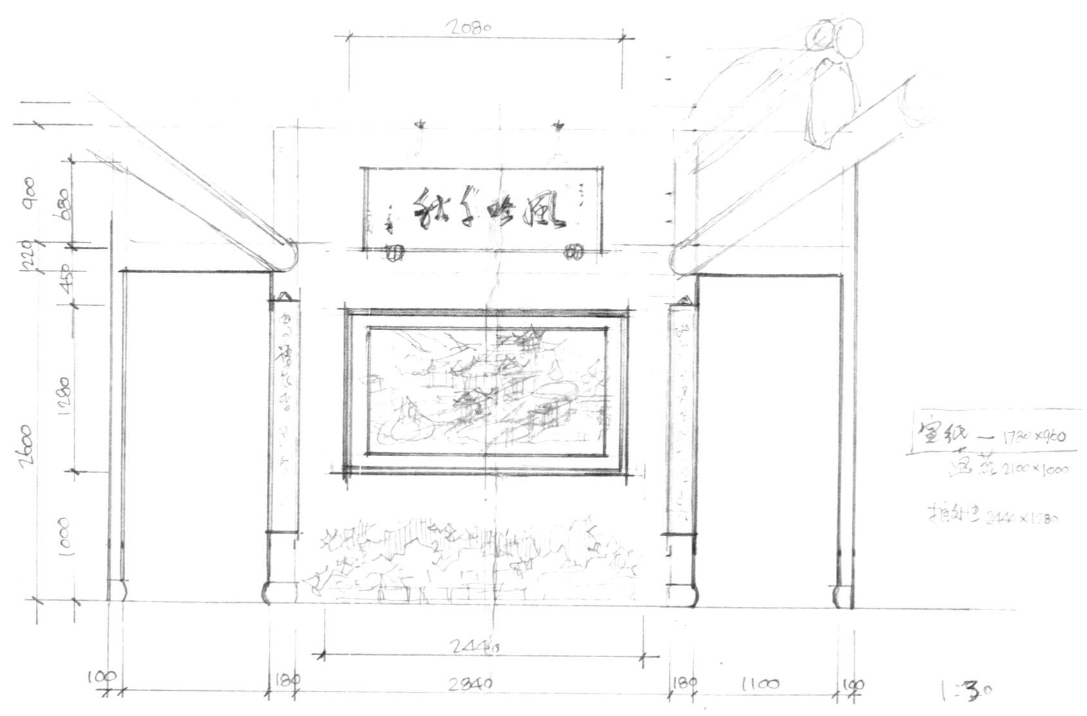

图 2–13　门厅设计手稿

图 2–14 郑钺墨宝

图 2–15 山光照槛水绕廊

“明德堂”位于西花园，是园主接待宾客的场所，厅堂坐北朝南，居高临下，堂屋三间三面轩廊，屋顶为传统歇山形式（图 2-16）。东侧由廊和数数亭相连，西侧与“静庐”相接。静庐前低矮的云墙，坡峰、坡谷及抛方尺度着实认真推敲，在山坡前有节奏地蜿蜒着，给人们带来一种行云流水的舒缓状态。园子里的树和园外山坡上的茂林竞相掩映，园内池水映照着山上轻盈飘荡的白云，短短的一段云墙，园内园外似隔非隔，山崖水际，欲断还连。园林巧于因借，借者，园虽别内外，得景则无拘

图 2–16
明德堂

远近，晴峦耸秀，绀宇凌空，极目所至，俗则屏之，嘉则收之，斯谓巧而得体者也。而堂前平台临水，冰纹石铺地，平台边设花岗石栏凳，台前水池泉如柱涌，激流涵澹，瀑布潺潺而下，眼前“半亩方塘一鉴开，天光云影共徘徊”，池中荷叶田田，金鱼嬉水（图 2-17）。西岸气势雄浑的黄石堆山，假山按着真山的脉络展开，似巘如嶂，之字形曲折的蹬道盘旋于山坡石隙，犹如渔洋山膝趾，崖巅方亭气宇轩昂，悬于右任“中庭桂树”匾，轩内藏于右任为郑氏所书墨宝石刻十余方（图 2-18）。山下池水浸漱矶渚，渊潭、寒泉、瀑布在此因地制宜，构景随机，自然环境给园子增添了气势，园子又升华了渔洋山灵气，增加了自然山水的清幽之气。

图 2–17
青山入园，飞玉溅珠

图 2–18
“中庭桂树”亭

明德堂对岸，曲廊、廊桥、爬山廊，几乎是贴着界墙高低顺势、曲折随机，和谐地交融在悦湖园的氛围之中（图 2-19）。廊桥前曲桥贴水，西衔山趾，东联曲廊，廊后假山岩壑曲折（图 2-20）。小山上仄径蹬道，峰回路转。山下穴门崖悬峰峻，石秀泉清。入洞如临渊谷，谷底裂隙，溪水清澈，溪流泉声与花香在假山洞穴间飘忽，如洞中对弈，绝无宦海商旅之劳顿（图 2-21）。山洞与中部长廊端叠石，似断似续，半壁山洞悬兰溪政协所赠家乡洞源钟乳石一截，壁间嵌兰溪书家题“洞源”二字（图 2-22）。山上，六角亭比例适度，玲珑成趣，以先生兰溪家乡而命名“兰亭”（图 2-23）。兰亭是悦湖园十分重要的构景要素，它在花园中部的许多地方，都会获得最佳聚焦。是假山冲破了围墙，还是垣墙依崖而作，活脱脱地将这笨重粗夯的一堆太湖顽石，跃然飞峙于粉墙之上，使假山变得奇趣秀雅，似乎既有雄峙江河、浪拍危岸的气势，又有溪泉漱石、穿凿洞壑以柔克刚的痕迹（图 2-24）。紧挨山麓的一座小石拱桥，名曰“华宝”，小桥比例适度，刚劲中又显得分外玲珑，真有渡危济险、赐福增寿的意思（图 2-25）。“华宝”桥北，“渔洋天籁”方亭连接中西（图 2-26）。月洞前平台下，池水清澈（图 2-27）。方亭南曲廊墙上嵌张墨君、陈立夫、张道藩、王宠惠等给郑氏条幅刻石数方。“渔洋天籁”方亭又以爬山廊连接数数亭，和“群趣”小筑则互为对景。

图 2–19　会心处不必在远

图 2–20　曲桥幽径

图 2–21　山中洞屋

图 2–22　洞源

图 2–23　兰亭，"寿"字摩崖为于右任手书

图 2–24　粉墙为纸，花石为绘

图 2–25　华宝桥

图 2–26　渔洋天籁

图 2–27　方亭有台临水

明德堂后小楼改造，则因山构室，以廊相连接，回合空间，屋顶高位水池，则以亭阁围合，轻盈的戗角、攒尖划破了渔洋山脊，给悦湖园创造了十分优美的天际轮廓线，它和"中庭桂树"轩、爬山廊、廊桥、曲廊、兰亭、渔洋天籁形成和谐的回环美的专有景观（图2-28）。"数亩之园难以宽绰"，悦湖园经八年精心构筑，巧于因借，终使三块堂前屋后三亩半山坡地，建成为一处山庄别业，辛巳年（2001年）秋园成。

是园游目骋怀，幽僻形胜，沐胥湖之春风，枕渔洋之松涛，有若魂梦出尘，是景兼纳湖山秀色于楼台，筑轩亭廊榭以憩吟，桂、兰、梅绽含笑迎春，海棠紫薇枝叶相携，莳花知鱼，

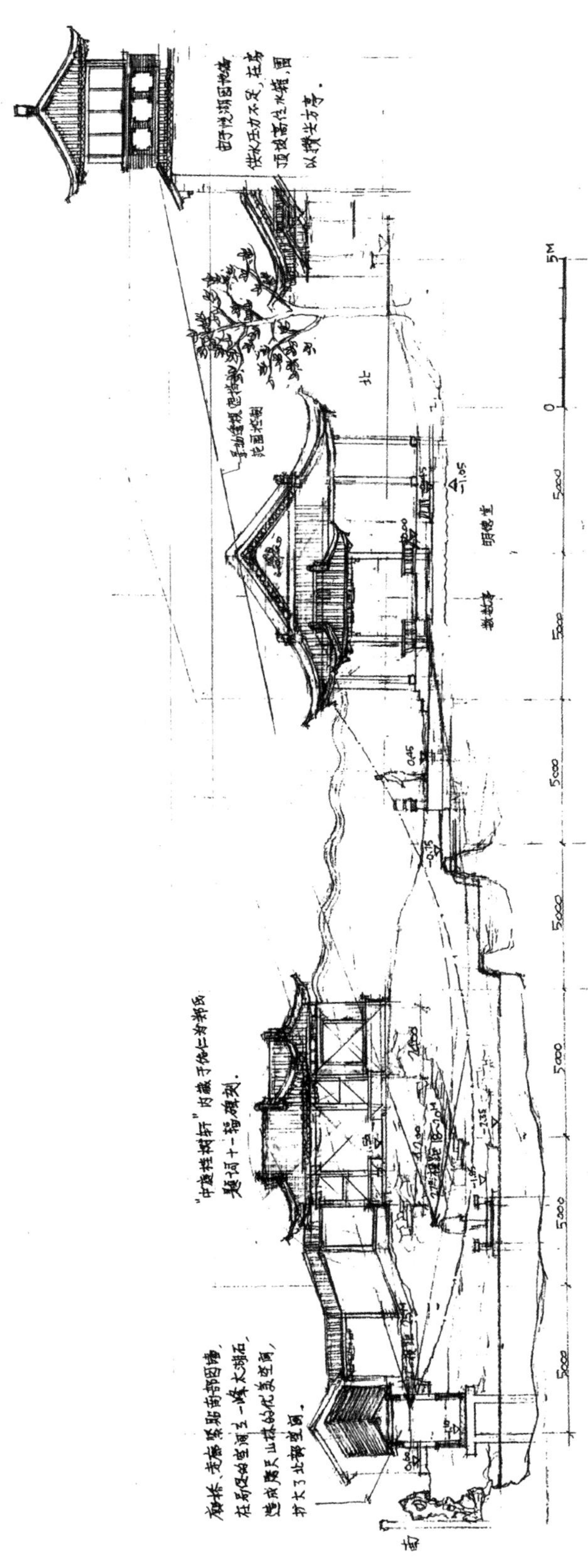

图 2–28　悦湖园西部方案稿

园涉成趣，旋见亭侧池畔，拳石盘坳秀出（图 2-29），如灵丘仙云，潭水山泉瀑入涧溪，拍岸湍桥，潺潺而下，瞬息遁迹于茂林修竹，涓涓细流已卷入白浪三万六千顷矣，斯为悦湖园之意境也。余感之是为记。

辛巳（2001 年）冬月　沈炳春

图 2—29　盘坳秀出

悦湖园寄托着郑氏伉俪浓浓的思乡情以及颐性养寿的美好愿望，如今二老仙游不返，空留别业伫立于山间。先生在世时曾与我谈起同意将湖山入怀楼琉璃屋顶改为卷棚式歇山和庭园统一风格，想法尚未付诸行动，我就失去了老友，心中甚为痛惜！

小小庭园，曲水潆洄，点缀其间的亭、台、楼、阁、轩、廊架起了雅心文韵；石径幽幽多趣，尤其以兰亭处的幽洞深邃颇有意趣，其设计利用了视觉原理，即：人们可以看到物理上并不存在的图形，如图 2-30 中的三角形、圆形、方形等，这种图形称为主观轮廓，是由观察者根据特定线索进行推理而产生的，是人的自动的无意识认知活动的结果。

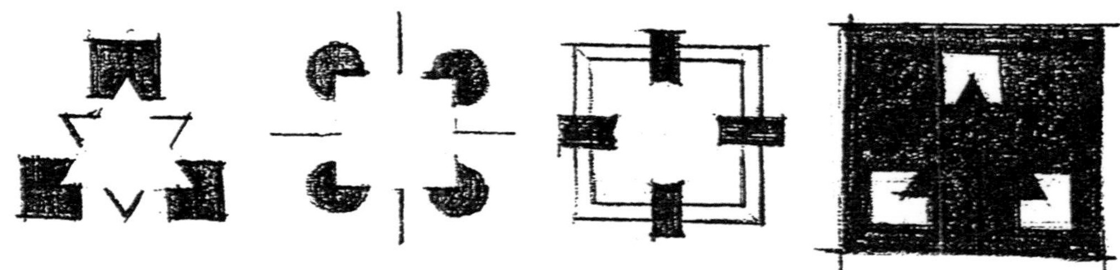

图 2—30　主观轮廓图形

悦湖园中部走廊往西的尽头采用叠石收头，和兰亭下的小山洞气蕴相接，从山洞中窥视走廊尽端的叠石，便和小山洞联为一体（图 2-31 ～图 2-33）。加上洞穴几个方向的景观相互渗透，使仅用八十余吨太湖石叠山造景成为成功的作品，而小山洞给大家产生了洞穴深深的空间扩大感（图 2-34、图 2-35）。这就是主观轮廓图形无意识的认知作用。

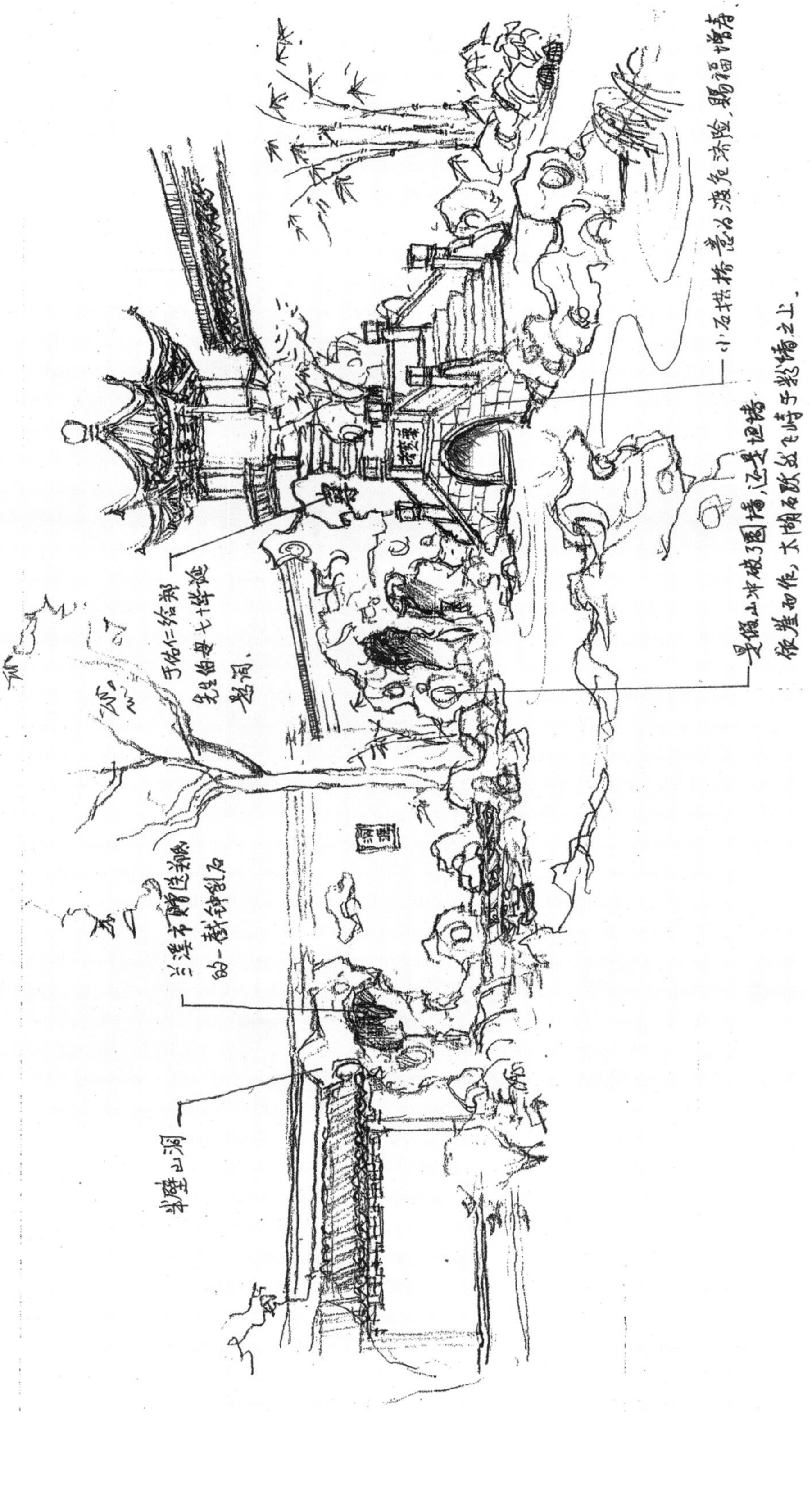

图 2—31　利用视觉原理设计悦湖园山洞

图 2–32　从中部走廊看"洞源"和小山洞

图 2–33　洞中窥视走廊尽端，轮廓使得景深加长

图 2–34　廊桥边石峰与山洞呼应

图 2–35　从山洞窥视南墙边小峰

2. 姑苏园

姑苏园位于苏州盘门景区，必须融古城胜迹于山林野趣之间，充分利用景区现有景物和古典元素，将其有机地组合到园景之中，而将不利的因素摒弃在外，也就是"俗则摒之，佳则收之"的借景原则。组织得当，必能达到事半功倍的效果。

景区内有宋代的瑞光塔和古盘门。瑞光塔如文峰笔立，在整个东部天际轮廓线上，56只戗角层层叠叠，比翼齐飞，是苏州这座历史文化名城的标志性特色之一。盘门恰似伏虎匍匐在园址西南角的丛林之中，虽然它远离园中心达200来米，却成为景区西南隅的构景中心和联络城墙外的古运河、吴门桥的纽带。在如此宽敞的视觉空间，建筑的布局则以完善塔院中轴线和沿湖滨的园林组团进行认真推敲布设，设计时充分考虑借景塔影和其他一切有利因素，以构成独具苏州地方特色的园林空间和天际轮廓线（图 2-36）。

盘门景区姑苏园规划建设　总工程师：吴惠宝；规划：黄玮，沈炳春；绿化规划：施正昌
建筑初步设计：沈炳春，沈苏杰；施工图：苏州香山古建公司，常熟古建公司

图 2–36　盘门景区姑苏园鸟瞰图

图 2—37
姑苏园中部水池

水是造园构景必不可少的构景要素，况且基地中部原来就有不少大大小小的低洼水塘。规划理水时，中部水池达六亩之广，左有来水，右有出水，山后有桃花涧，它们成为姑苏园活泼自如的水系，园中的景观和功能分区就以水池为中心，在它周边进行组团规划布局（图 2-37）。在园中山水相袭，山峦、建筑、水面自由契合，水激活了园子里一切构景素材成为组成优美的回环的血脉。园中的东南隅紫薇苑畔，竹林下宽阔的河水和山北桃花涧湍桥拍岸的水，交汇在园中六亩水面的大池里，水顺着西南隅岗丘谷地中的河道曲折自如地流淌到城墙脚下，穿过古老的水城门，汇聚到宽阔的运河之中。

在北部吴宫喜来登大酒店前，因地制宜地将吴宫喜来登两万多立方米的建筑垃圾、废土以及南部拆迁棚户和开挖河道产生的近万立方米的土方堆叠成两座自由奔放的土山和高低错落的土墩，这些土山似乎是在不经意之中堆叠而成，然而，它和园子里的水系组合在一起时，恰给姑苏园创造了真山余脉的骨架，宛如太湖山水一角的缩影，为营造以丛植各类主导树种为主的风景创造了极为有利的地形条件和空间氛围。山林、水系又自然地将园子划分为大大小小的园林空间（图 2-38）。

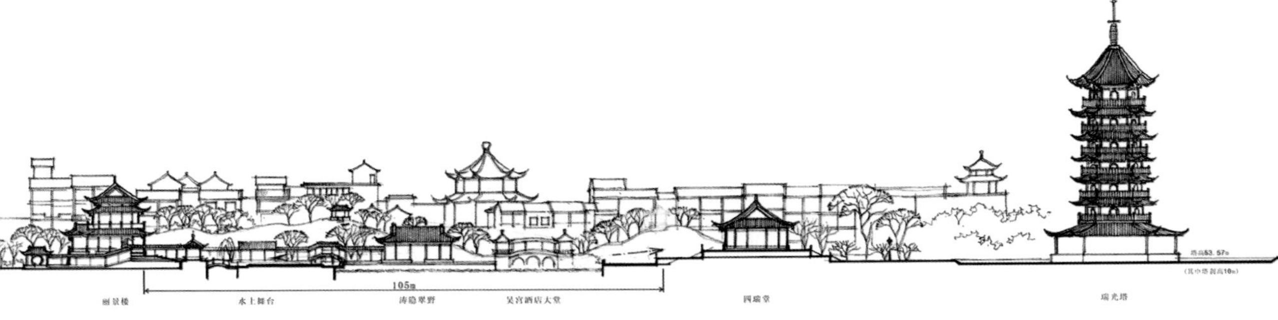

图 2—38　姑苏园北部规划构思

北部两座土山东西绵延近200m，高度为11m和9m，仿佛玄武高耸，由于构思充分，屏蔽适度，因借得宜，在苍翠的山林烘托之下，改变了原来强邻压境的压抑气氛。当你漫步曲桥，眼前两座山峦苍翠欲滴，三拱相连的廊桥又将两山相连，视线穿过桥廊，乔灌花木层林叠翠，喜来登吴宫大酒店大堂八面重檐攒尖顶楼阁昂立在两翼鳞次栉比的粉墙黛瓦中，犹如云中仙府神阁，使这一组景观的景深一下子延伸了近80m，这是风景因借的实例（图2-39）。

图2—39
漫步曲桥夜景

当你从姑苏园南大门入园时，迎面横卧着一座高8m，绵延80余米的土山，如青山岫列，飞瀑、渊潭、寒泉首先给你一个回归自然，清幽之气，这对缺少山林野趣的苏州古城不乏是一个补偿。走到山前，中部绝壁气势磅礴，山脚止于池边，崖顶体量适度的重檐六角亭12只翼角轻飞，使8米高的土山形成一股上升气势（图2-40、图2-41）。视线由南向东北望去，瑞光塔又叠影山冈树梢之后，或深秋红叶，或晨曦霞光，或隆冬残雪，颇有郊外山林古寺的风貌。当你踏着汀步，迎面山势维石嵯峨，山下洞穴石罅，石室空中多窍，仿佛进入了花果山水帘洞，穿过蜿蜒深邃的山洞，来到半山腰洞口，视线忽然开朗，俯视眼前六亩清澈的池水，池西：廊抱楼台水映山（图2-42），池东：塔影广厦重叠深（图2-43），池北：花涧湍桥映琼阁，曲桥、水廊将“涛隐翠野”连成一组贴水建筑，背后廊桥飞架衔接玄武山峦，远处巧借吴宫楼阁作为北部背景的收头（图2-44）。构筑如此气势，高远山水，平远山水，深远山水等景，它在风景的组合比例和尺度推敲上是经过一番认真思考的。这里仅以牌楼、塔院、四瑞堂、池水、丽景楼这一轴线的组景剖面来分析，它的剖面轮廓所形成的构景曲线是和谐的，从观赏点所看到的每组景物都是组合在1∶2.5～1∶3.5的画面之中，这是符合人的视觉生理的。

图 2–40　飞瀑锁青岫

图 2–41　苏飞苑实景

图 2–42　廊抱楼台水映山

图 2–43　塔影广厦重叠深

图 2—44　花涧湍桥映琼阁

如果你从景区东入口广场进园，比例适度的牌楼和瑞光塔组成了一组塔影牌楼交相辉映的胜景（图 2-45）。入园，瑞光塔高耸入云必然成为姑苏园东部景域的中心，为适应这一特定地位的构景需要，四瑞堂及钟鼓楼一组建筑在总体布局的位置和体量上都显得十分重要，为烘托气氛和使姑苏园中部园景及塔院既联又隔，四瑞堂采用了与瑞光塔建筑相似的宋式建筑形式，基座为三重平台，主体建筑和两翼配楼的廊屋相连，从湖对岸丽景楼的不同层次的环廊、看台、水上舞台以及池北岸的涛隐翠野堂，南岸的廊亭向东望去：四瑞堂、钟鼓楼在临水三重平台的衬托下，这一组建筑显得格外端庄和气势不凡，在不同的位置瑞光塔又和四瑞堂构成意境深深的不同画面（图 2-46）。而钟楼南首的竹园和松梅古朴苍翠地掩映河畔塔影。当你走到四瑞堂西面宽敞的平台，向西迎面隔湖相望的对景部位（即丽景楼），也可以说是瑞光塔东西中轴轴线西部的终端之景，平台到这一区域的丽景楼前，视距 100m。人们的视觉生理只能勉强看清对岸的建筑和景物，在正常情况下，人类观赏对象时，他的视轴并不是完全的水平状态，而是略微前倾 3° ～ 5° ，人类双眼的水平视线为 140° ，中间 60° 的范围视野最为清楚，在垂直面上仰视角为 45° ，俯视角为 65° 左右，在 18° ～ 27° 之间为最佳视域，由此得出如上所述的构景范围，其主景物的高度应控制在 18m 左右，也就是现在丽景楼高度控制的依据，这样的景物在南北两座 8 ～ 11m 高的土山和其他景物的烘托之下，有三层轻巧飞檐的丽景楼在宽敞的平台环廊和南北两侧随高就低的抚廊方亭簇拥之下，自然而然地形成雄踞姑苏园西部的构景中心。楼前：周边镶嵌着种满色彩鲜艳花卉的花台，探入池水

图 2–45　牌楼和瑞光塔交相辉映

图 2–46　池东夜景

中的舞台显得分外灵秀和别具一格，在这里可以上演出各种各样的时代乐章。十二排步步高升的看台，又有两座精致的石拱桥和谐地将水上舞台连为一体，遂使丽景楼成为一座与总体环境相协调的集休闲、观赏和举行城市大中型节庆活动为一体的多功能建筑（图2-47）。丽景楼的西部平台前的市民广场也是一处自娱自乐的所在（图 2-48）。尤其喜人的是，由于音响设施位置得当和周围良好绿化配植的吸音效果，使丽景楼前后两组群众演出场地的大型音响设施工作时相互间几乎不受任何干扰，均能获得较为理想的视觉和音响效果。

图 2–47　丽景楼东立面

图 2–48　丽景楼西面

姑苏园在总体布局上，3 座土山自由奔放地坐落在六亩之广的池塘南北，苍翠欲滴的绿化配植又为姑苏园增加了几分山林野趣，山林之间宽广的场地绿草如茵，山峦土岗用高大乔木作为主导树种以灌木和地被植物相配合，群植或孤植以形成林相丰富，四季色彩变化丰富的山林景象，这种位于繁华都市之中，模拟自然的山林野趣，随着现代文明的推进，将会愈加显出它的魅力。

当循着山路漫游和登上楼阁游目骋怀，眼前是极具江南水乡色彩的下沉式园林空间，似乎，两千多年前胥江的波涛，随古运河穿过盘门水城门荡漾在姑苏园的池水之中，这正是“古城春秋鸥夷荡来胥江口碧波可以涤心”；千年古塔和现代吴宫喜来登饭店大堂楼阁遥遥相对，在历史和现代的文化融合中，“吴宫塔影丽景叠翠姑苏园瑞光更添怡情”。这就是姑苏园给人传达的文化底蕴。

3. 纳霞小筑

纳霞小筑位于太湖西山堂里，是香山帮古建园林匠师徐建国私家庭院。我为其构园后曾作记，全文如下：

己丑孟冬应建国之邀，为其太湖西山堂里宅第构思园景，宅之西隅有六分梯形坡地园基，西接山林。小园随地形高下曲折，环池组景，步移景异（图 2-49、图 2-50）。池水清澈，水榭坐北朝南，为小园主要构筑（图 2-51）。东西南三面外廊临水。榭中部为扁作梁架小斋，北墙挂水墨山水画一帧，面南葵式长窗落地，裙板雕花，东西墙留什景花窗，外廊上架一柱香鹤颈卷棚，临水美人靠精致秀雅（图 2-52）。水榭西侧曲廊与宅第前院由月洞相连（图 2-53），月洞上架垂花半亭，轻盈灵秀，右侧古井，泉水甘洌（图 2-54）。沿卵石小径向东，花岗石平梁跨涧登东南土山，山巅架六角亭，悬额“乐馀”。亭前海棠紫薇枝叶相携，林下杜鹃迎春，亭后修竹与园外果木葱翠相掩。亭柱挂洲芳兄联曰“无烦无恼无挂碍，有风有月有清凉”。亭下山岗与园之东北土岗以拱桥相连，桥西沿围墙突起咫尺山林，山泉潺潺下泄，穿桥汇池。东北角岗巅奇峰峙立，峰周植红枫、含笑、丹桂（图 2-55、图 2-56）。

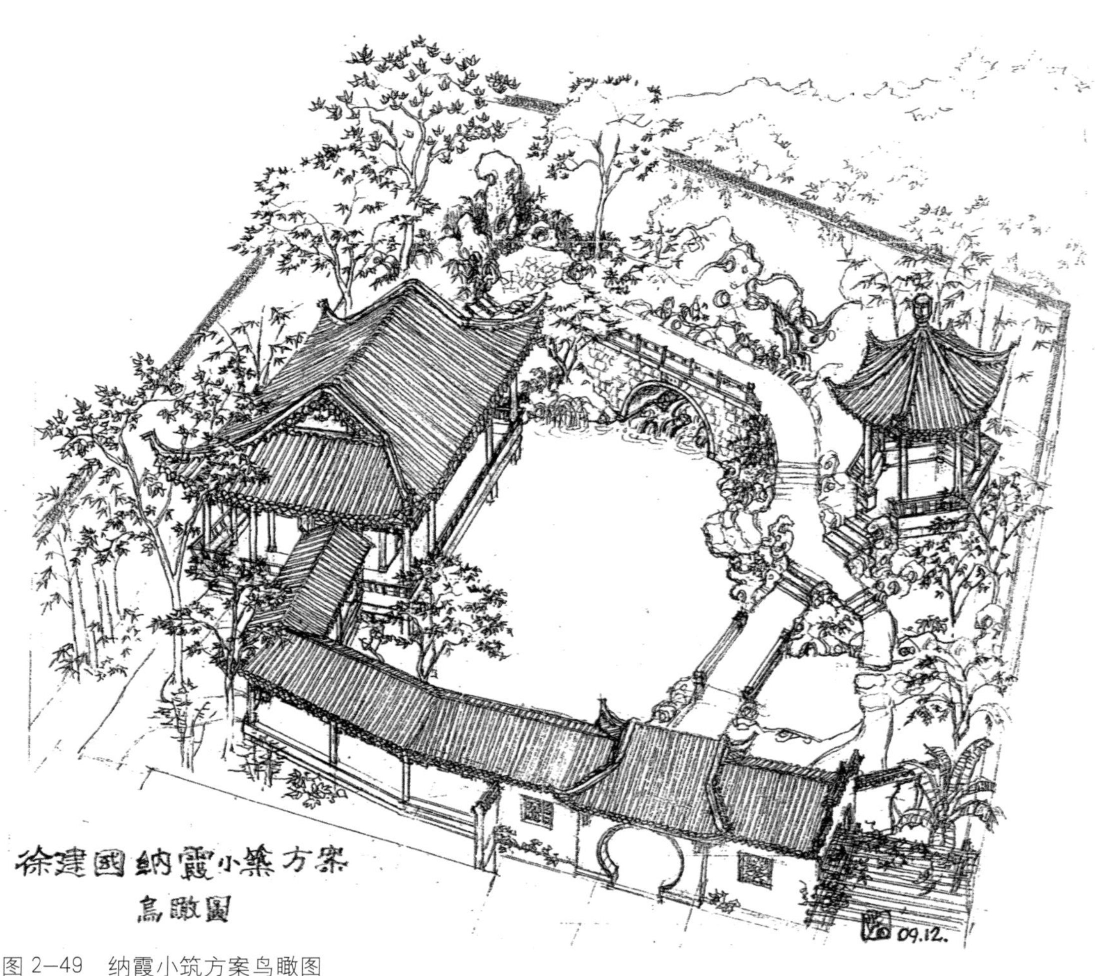

图 2–49　纳霞小筑方案鸟瞰图

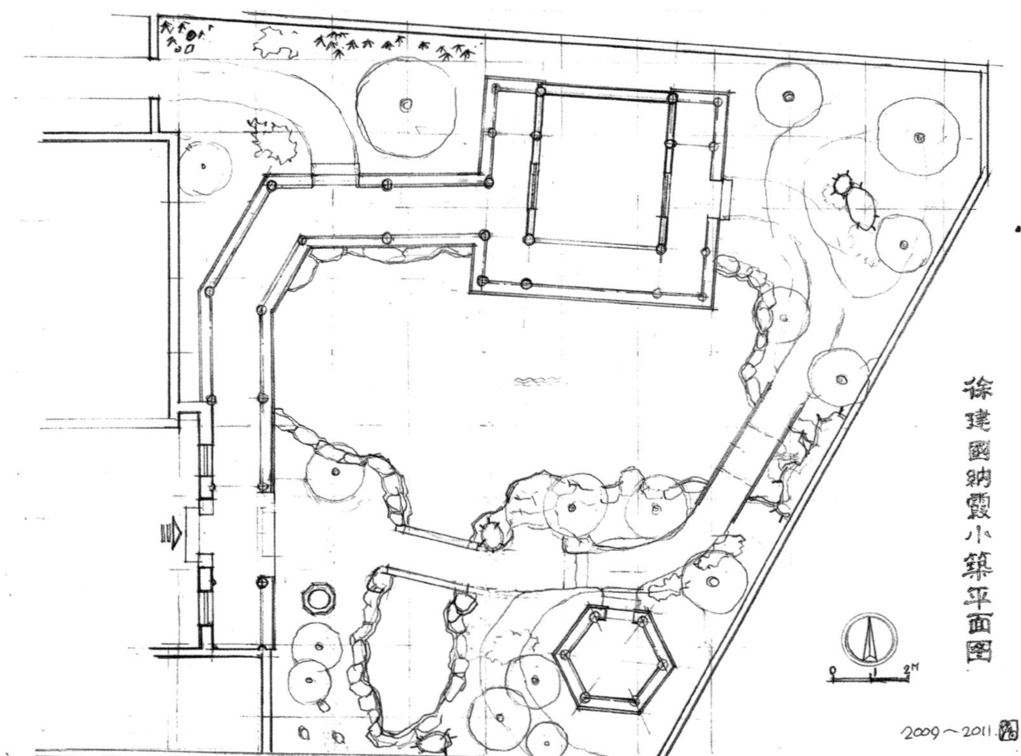

图 2–50　纳霞小筑平面图

图 2–51　小筑中的水榭

图 2–52
水榭梁架细部

图 2–53
水榭西侧曲廊

建国年少勤学木作，西山尤多明清古建宅第，每遇修缮之事，则仔细琢磨，感叹先人构筑之奇。廿六年前初涉园亭，与余探讨亭架构造，又幸遇倪、王香山巧匠传承。由此始与余共事吴中风景园林数十载，尤以重修东山启园为翘楚。今建国营构家园作收山之作，又得鑫荣、阿四诸师傅鼎力相助，从冶园之初，及至每一构架，花木配置，叠石细微，均亲自放样。采当今先进之工艺，师古人，法自然，精益求精，历时一年，庚寅冬园成。

岁次辛卯春 吴郡沈炳春记

图 2–54　小筑入口处

图 2–55　庭院剪影

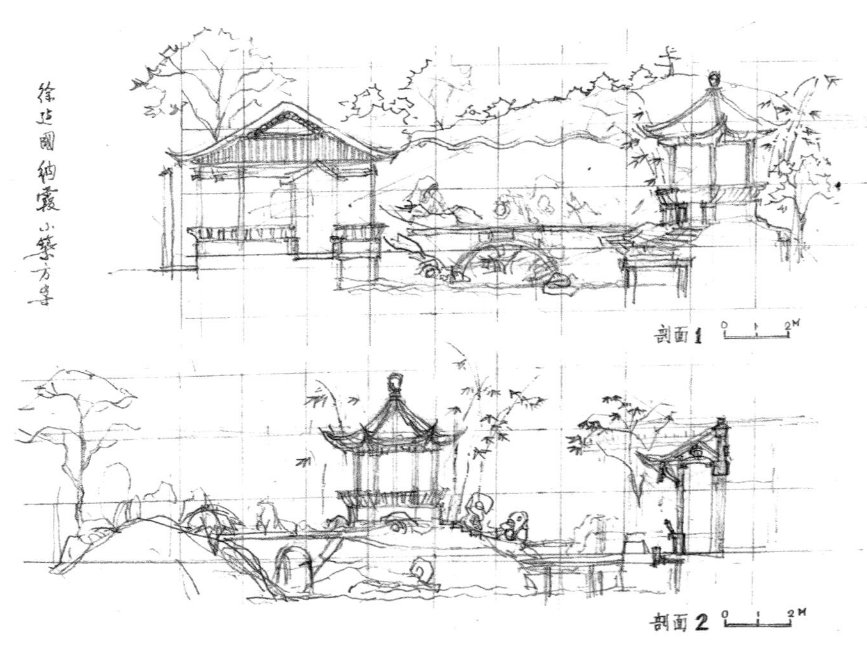

图 2–56　纳霞小筑剖面

三、景行维贤

古典园林中，有历史文化纪念园这一类型，纪念地区先贤和对国家具有突出贡献的人物，有的就历史人物居住地建纪念园，如四川的杜甫草堂，有的特辟地造纪念园，如“三苏祠”纪念宋代苏洵、苏轼和苏辙父子，“一门父子三词客，千古文章四大家”。苏州大都在园林中辟一专区，如虎丘“五贤堂”，为纪念唐韦应物、白居易、刘禹锡和宋王禹偁、苏轼等五位贤德之人而建；塔影园的“白公祠”，怀念苏州刺史白居易；沧浪亭的“五百名贤祠”，名贤包括政治、军事、经济、文化、科学、艺术、医学、水利、历算诸方面人才 594 位，与吴地都有关系，真乃“千百年名世同堂”，“廿四史先贤合传”。

纪念园力图还原历史人物的风采，集教育、休闲于一体，寓教于游，感受历史氛围和历史文化信息，励志立德，属于公益性园林。设计依然遵循传统苏州园林的理念。

1. 苏州胥口伍公祠

伍子胥，春秋末期的政治家，军事家，本名员，字子胥，也称伍胥，楚国监利人（今湖北监利）。公元前 522 年，满怀国仇家恨的他弃楚奔吴，辅助吴王，功绩卓著被赐于申地（今河南南阳），故后人又称他为申胥。

伍子胥在吴国建造阖闾大都（今江苏苏州）以及都城周边的许多城邑，大力发展农业、蚕桑、渔业、冶炼、陶瓷、纺织、丝绸、建筑、造船等，兴修水利，发展交通，开凿邗沟胥溪，经国治军，先后打败了西部的强楚和南面的越国，为吴国的强大称霸诸侯，吴地的经济繁荣，文化昌盛，奠定了厚实的基础。

伍子胥于公元前 484 年被夫差赐死，在吴国生活了 39 年。他对苏州地区作出了杰出贡献，当地人民更是不忘这位重臣和英雄，和伍子胥有关的地名被保留至今，如伍子胥弄、子胥路等。他还被视为江神、波神、涛神、潮神、水神。传说伍子胥死后，其尸沿胥江漂浮至胥口，当地人民将其安葬在此，并建伍公祠纪念他，同治年间由里人张达言募资重建，民间俗称胥王庙，千百年来香火鼎盛，“文革”时庙宇被毁。

2005 年，胥口镇人民政府在原胥王庙遗址，投资三千余万元重建胥王庙，占地 50.1 亩，建筑面积 2630m^2。多次邀请专家、学者研究商讨，世界伍氏宗亲会专门派专员和纽约风水大师等参与方案定夺。最终方案依原胥王庙坐南朝北，依江而筑（图 3-1）。

伍公祠由祠堂、墓区和花园组成。园的围墙上，镶嵌着 52 方反映伍子胥事迹的石刻浮雕。

牌楼、庙门、大殿、功德堂、廊屋等组成祠区建筑群，以神道为中轴线布局，谨严合理。

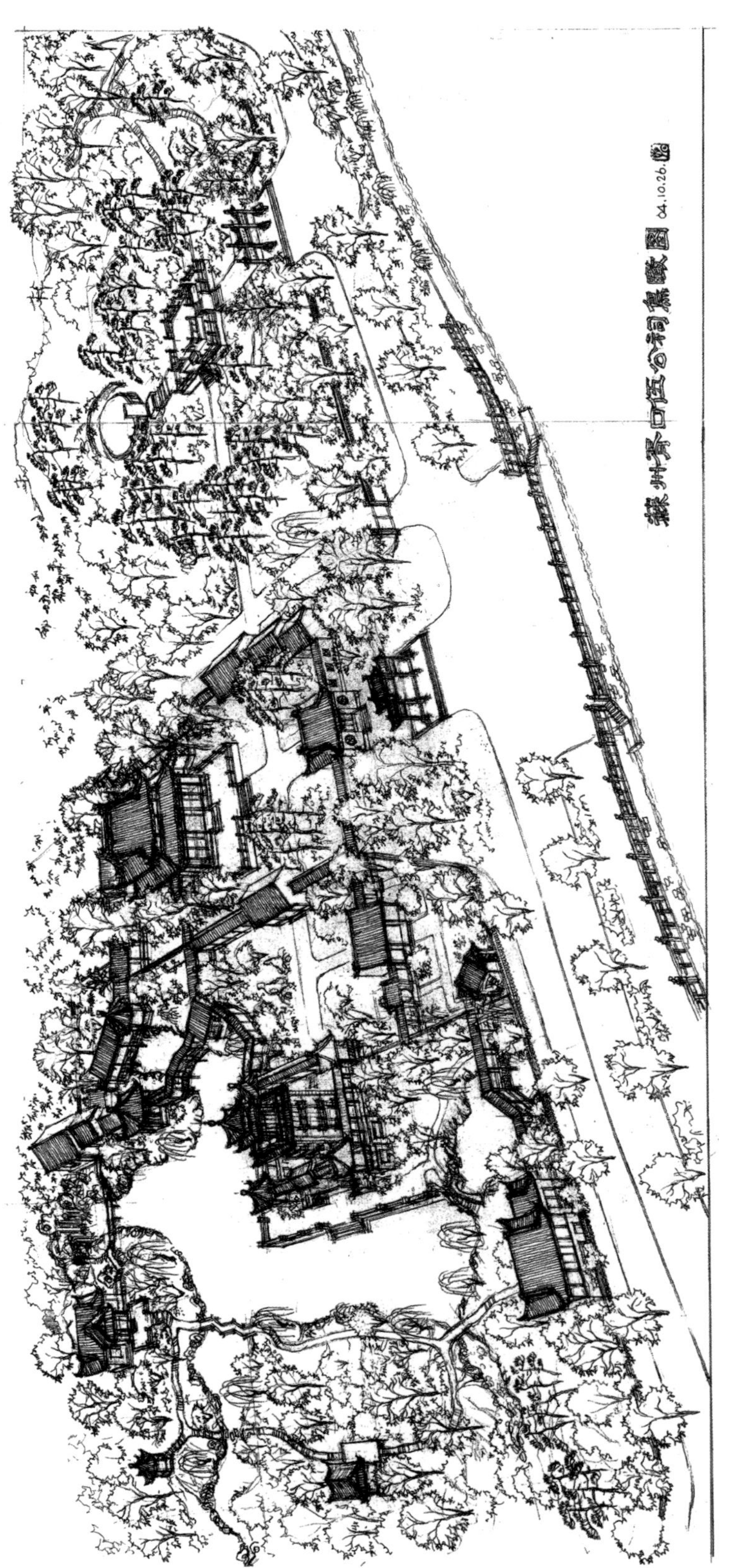

图 3-1　苏州胥口伍公祠鸟瞰图（2004 年 10 月）

最前沿的四柱三间石牌楼，形象崇高、庄严，上有楹联“往事昭昭亿万史长传宇内，精忠耿耿千百年犹在人间”，横额“声蜚凌霄”，副额“不世之功”、“千古不磨”，字体遒劲，气宇不凡（图 3-2）。庙门为单檐歇山建筑，面阔三间，门前有一对雄狮。重檐歇山胥王殿屋脊高耸，飞檐凌空，斗栱有序，轻巧灵动之中不失庄严典雅（图 3-3）。大殿内有伍子胥石雕坐像（图 3-4）以及石碑《重修胥口胥王庙记》、《重修吴相伍大夫祠记》等。功德堂是一座连体的硬山建筑，堂内墙上嵌有功德碑。

墓区草木葱茏，有牌坊、祭台、墓冢等建筑（图 3-5）。甬道尽头便是直径约 20m 的圆形大墓。大墓墓碑刻古篆“古吴伍员鸱夷藏处”（图 3-6），向北朝着穹窿山之峰顶。

图 3-2　牌楼

图 3-3　胥王殿

图 3-4　伍子胥石雕坐像

图 3-5　墓前甬道

图 3-6　墓碑

花园位于东侧。申胥阁是其主景建筑，高 18.6m，共 5 层，四面环水（图 3-7）。申胥阁二层环设平台，立方亭于平台四角，又以空廊贯之，远远望去，阁被亭所簇拥，犹如众星拱月。申胥阁顶部覆双层飞檐亭盖，亭与阁联为一体，给人以云端宫阙的灵秀感，又与二层的方亭形成了呼应，丰富了申胥阁轮廓。登临申胥阁，可以北瞰胥江，游目骋怀，思接千古。

图 3–7　申胥阁

申胥阁周围，因地制宜、因形就势地分布着荐贤堂、义勇堂、挹江楼、古吴史馆、怀石轩、静华亭、流芳亭、知遇亭、乐馀亭等建筑。山花形单檐歇山荐贤堂稳重之中不失飘逸，堂内陈列着伍子胥七荐名扬天下的军事家孙武的雕像及事迹。义勇堂和古吴史馆分列花园南北，都采用了硬山顶。义勇堂是凭吊义士专诸的场所。古吴史馆有《古吴国大事记》等文字介绍。挹江楼坐北朝南，西墙连长廊，东墙有湖石假山，循山石做成的蹬道盘回而上可登楼眺望胥江，山梯之结合，天然成趣（图 3-8、图 3-9）。怀石轩（图 3-10），与隔一池之水的申胥阁形成对景。位于花园东南的八角重檐攒尖静华亭，外形端庄、古朴，又有着几分苍凉，居于土丘之上，气势高亢。亭前一弯明净曲折的溪水涓涓流淌，溪畔湖石叠垒，又有步石点缀于水面，蹑步其上可抵丘亭，质朴自然又别有情趣（图 3-11、图 3-12）。流芳亭四面各辟有圆洞门，以取四方之景，又与凌跨水上的廊桥相连，碧水涟涟，花木扶疏，美不胜收（图 3-13）。乐馀亭是扇形小亭，其内桌、凳、窗、门皆为扇形，剔透玲珑，别具一格，亭外小路曲径幽深，两旁翠竹掩映，于此听涛闻莺，

图 3–8　挹江楼设计稿

图 3–9　挹江楼实景照

图 3–10　怀石轩

图 3–11　静华亭设计稿

图 3–12　静华亭实景照

图 3–13　流芳亭

乐趣无穷（图 3-14、图 3-15）！

胥王园的水池占地 2 亩左右，除廊桥外，池面上还设有拱桥、平桥、曲桥等，至于驳岸叠山，参差错落写峥嵘，这些与园林建筑组合巧妙，典雅中显示秀丽，厚重中透露轻巧，花木婆娑，风篁成韵，颇足幽胜。

图 3–14
乐馀亭设计稿

2. 冲山太湖游击队纪念馆

图 3–15　乐馀亭实景照

新四军太湖游击队纪念馆，位于太湖光福景区冲山村北山。冲山过去是太湖中的一座岛屿，由于历史的淤积、围垦，早已和西迹山、潭东联成半岛，冲山村则为光福镇的一个村。抗日烽火年代，太湖抗日游击队依托冲山岛周围连片苇塘，展开了可歌可泣的抗日游击战争。1944 年 9 月 9 日，日寇纠集了三百余伪军，包围冲山岛。太湖游击队和民兵骨干分批突围时，有 31 人牺牲，薛永辉等同志以顽强的革命意志继续在太湖芦苇荡中与敌人周旋，整整坚持了 20 天，9 月 29 日敌人被迫撤走，这就是有名的“冲山之围”。

冲山北山平静的山冈，高度仅为 19m，在风景区规划中定位三级风景游览区。然而，太湖游击队先烈的英灵，唤起人们对这一重大革命历史文化的珍视。

2007 年，在苏州吴中区老区开发促进会和苏州新四军研究会的共同倡议下，着手方案设计，纪念馆设在山冈冈巅至东北坡湖滨的 2.6 亩山坡上，由湖滨的碑亭，太湖游击队战士的群雕，纪念馆组成，纪念建筑和雕塑之间连以宽阔的花岗石台阶，组成呈中轴线走向的一组纪念建筑（图 3-16）。

图 3–16　太湖游击队纪念馆鸟瞰图

纪念馆一层部分为 18.6m × 20.0m 的方形平台，平台内展示太湖游击队的史迹和实物供人参观缅怀。平台中央叠起八面二层楼阁，以八角重檐攒尖结顶，因此在外观上形成一层平台三重檐的气势（图 3-17）。

图 3–17　太湖阁

这里原本低矮的山冈，地理上处于重要地位。本身又不具备支配能力，必须以加重建筑的手段，去实现它的构图中心的支配地位。中国传统建筑从单体上说来，往往是，方形或多边形的重复。就冲山纪念馆来说，当这些纪念性建筑充分利用地理、地形条件，与山体一起组成了比例协调、尺度相宜的建筑群落，所创造出强烈浓重的威严气氛。当你从纪念亭前宽阔的石阶上，向上仰视眼前这一组纪念建筑巨大形象。它会震撼你的心灵，使人吃惊，精神在物质的重量下感到压抑，而压抑之感正是崇拜的起点。风景园林艺术不仅替精神创造一种环境，而且把自然风景纳入建筑的构图设计里，作为建筑物的环境加以处理。风景建筑作为一种广义的造型艺术，偏重于构图外观的造型美，并由这种静的形态美构成一种意境，给人以联想，这就是 70 年前太湖游击队英雄事迹将永远激励人们热爱祖国，努力为国家贡献一切的潜在力量（图 3-18 ～图 3-22）。

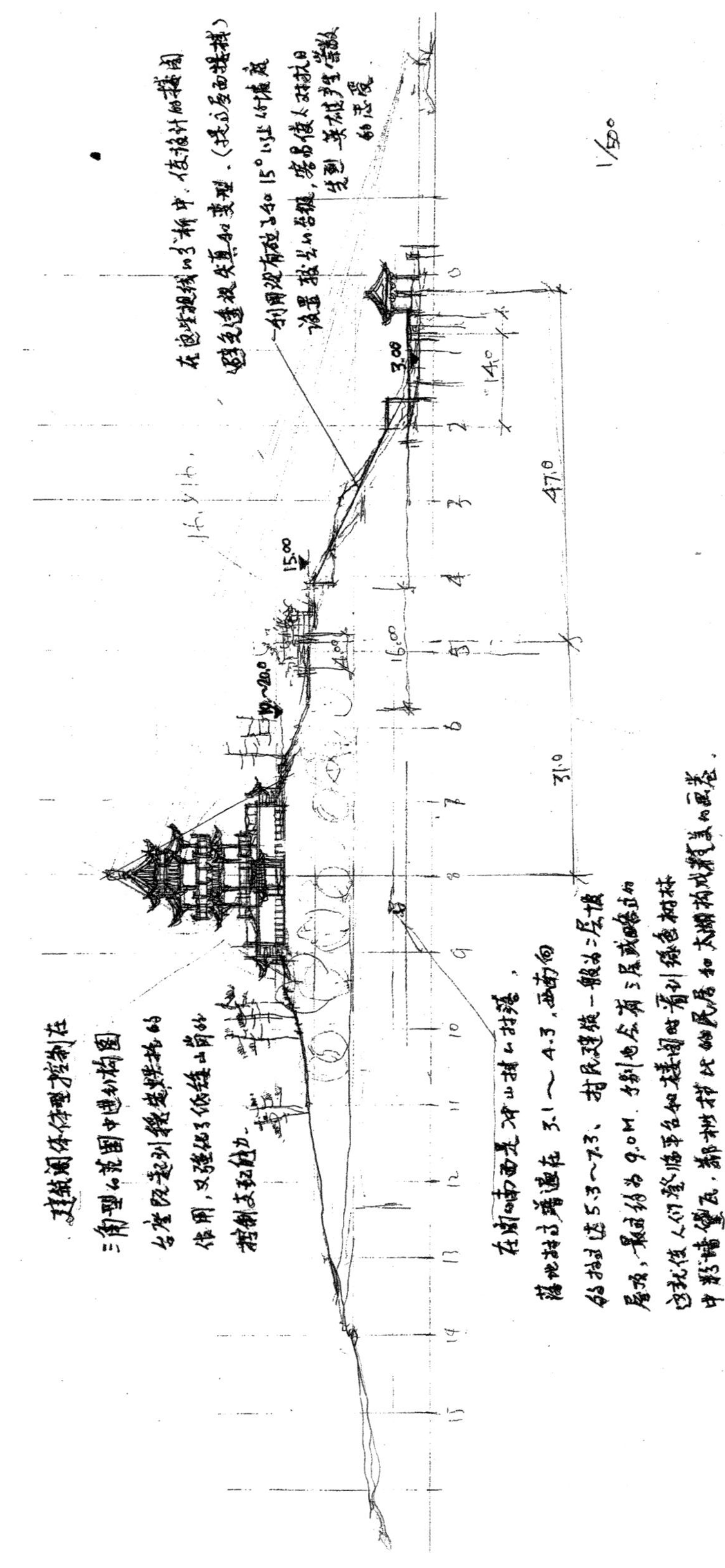

图 3–18　太湖游击队纪念馆剖面分析

图 3–19　太湖游击队纪念馆侧面

图 3–20　太湖游击队纪念馆正面

图 3–21　太湖阁和英雄雕像

图 3–22　太湖英魂碑

带着缅怀先烈的崇敬心情登上楼阁，山冈苍翠逶迤，掩映在丛林中西北角云峰小寺更加静谧，西南漫山岛似在云雾中岫列的仙山，鱼帆在太湖中游弋飘荡；东岸湖湾盘曲，芰荷丛生，凫鸥翔集；薄暮中渔歌唱晚，堤畔樯桅林立；清晨西迹山萦青缭白……由于太湖游击队纪念馆的落成，冲山红色旅游必将提升冲山风景区的品位。

四、胜景缀锦

秀丽多姿的太湖，水不深而辽阔，山不高而清秀。沿湖低山丘陵逶迤连绵，一处处山嘴斗突湖中，状若半岛。湖岸水湾盘曲，山丘重岗复岭，深谷幽坞，山回水抱，湖面浩瀚，岛礁棋布，群峰隐现于波涛之间，构成独特的太湖秀丽风光：当风和日丽，烟水渺弥，水天一色，渔帆樯影，景象万千；若风起浪涌，气势磅礴，咆哮呼啸，激浪滔天；然晨曦暮霭，彩霞万道，满湖金粼，灼灼耀眼；若雾雨晦明，顷刻烟云变幻，咫尺殊状；至于瑶海上月，流光万顷，星河倒映，山影荡漾，景色幽美而意趣无穷。

太湖地区文化历史源远流长。以“三山文化”命名的旧石器文化已经闻名遐迩。夏禹治水传说、商末泰伯让王南奔故事、吴越相互攻伐与吴宫轶事……无不为秀媚的太湖山水增辉添彩。

清末以来，战火频仍，风景名胜长期处于天灾人祸、年久失修状态。改革开放迎来了百废待兴的大好机遇，如何规划、保护、建设好这些珍贵的自然、文化遗产是摆在景区工作人员面前极为重要的工作。

风景区的开发构思，或称规划，就是把自然的风景和人的感知完善地结合在一起，用美的旋律，谱出一曲湖光山色的乐章。

一切负有盛名的风景区，或历史的，或现代的，它除了风景上的素质外，它被一条最佳游览路线有机地组织在一起，称之为组景，它的每个景点，总是符合景的规律，在这些景象的构思中，潜藏的意境越深，给人的感受也就越深。

自然风景的开拓，不同于人工造园，造园好比用一堆泥巴，可任凭造园师的想象进行塑造，而风景区的开发好比一块璞，风景师必须根据这块璞的特征，细心地构思雕琢。自然景物是客观存在的，组景的目的，就是根据具体景物的特点，有意识地通过空间感受的变化，选择最佳游赏方式，使游人得到最好的美学感受，或称最大感受量，自然风景的组景，既是空间艺术，又是时间艺术，即所谓的“四维时空观念”。它既要求“画中有诗”那样，以视觉形象表现诗的境界，又要求“诗中有画”，通过游人的联想，强化景境的视觉形象，这是我国传统的组景要求。“无山不美，无水不秀”，但不经过组景加工，就不能给人以强化的感受。

这里收集了近三十年来在吴中太湖风景名胜区景点规划建设的部分方案手稿，是对景区规划设计建设的探索。

1. 石公胜迹

湖光三万六，层峦叠嶂，出没翠涛，弥天放白，拔地插青，此山水相得之胜。

吴山之奇尽于太湖洞庭西山，洞庭西山之奇，尽于石公。此乃西山之南麓，有一支余脉斗入太湖。

石公山并不高大，仅 49.8m，景区面积 17hm^2，石公山似青螺伏水，如碧玉浮湖，与三山等岛屿互为对景，又有湖中风帆游弋，阴晴昏晓，风雨雪月，湖山之象，变换万千，触目怡情。山上怪石奇秀，危崖绝壁，石窑石穴，比比皆是（图 4-1、图 4-2）。

早在唐代就已名闻天下的太湖石，即产于洞庭西山的谢姑山和石公山一带。

“文革”中，石公山西部的石公庵、节烈祠、“石公胜境坊”均被拆除，东部许多石景又大量被毁，1979 年石公山的开山采石才被禁止。1981 年由吴县城建局园林管理处负责管理整修石公山和林屋洞景区。

石公山西麓巉岩翠崖，负山面湖，袁中郎谓之翠屏。修复时，在崖巅建来鹤亭，山腰建断山亭（图 4-3、图 4-4）。翠屏岩前辟广场，崖前太湖之岸有榭“超然物外”，榭前白浪激岸漱石（图 4-5）。广场西侧建翠屏轩，轩右为浮玉北堂，南有茶亭。堂之西为湖天一览，连廊曲折随机，更有御墨亭高敞轩昂，亭内珍藏顺治御笔“敬佛”石碑（图 4-6）。亭后山

图 4—1
石公山遥望大沙岛

图 4—2
石公山对景三山岛

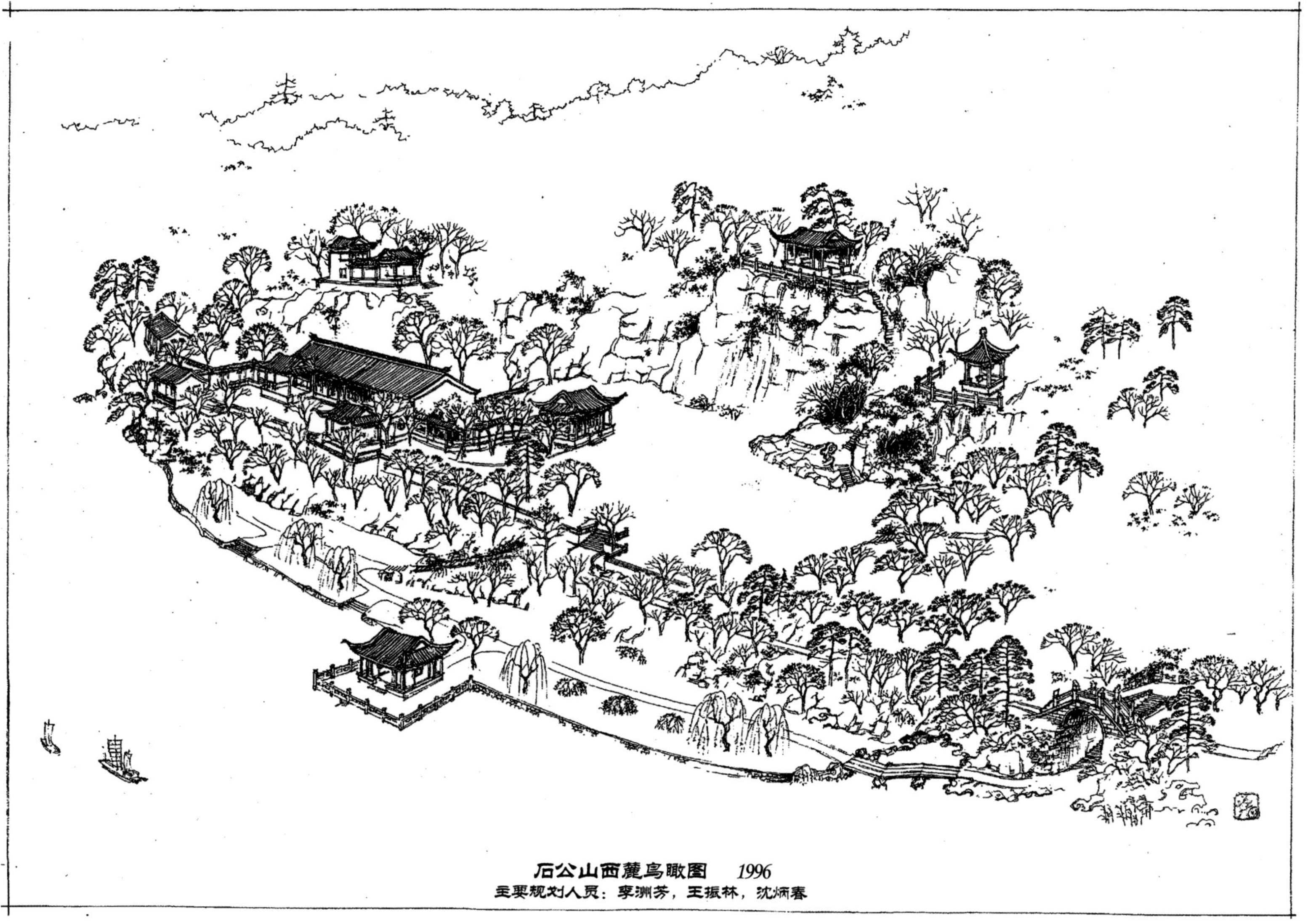

图 4–3 石公山西麓鸟瞰图（1996 年）

图 4-4
来鹤亭和断山亭

图 4-5
水榭“超然物外”

图 4-6
“敬佛”石碑

崖，岩洞自然形胜，有明时严澂归云洞题刻，洞中有修复时重新镌刻的送子观音立像。御墨亭右山麓裸岩，洞穴与太湖涌涛相浸作鸿洞声响，水洞曰“隐身岩”。至北橘林中有石亭一座曰“橘香”。橘香亭与石公山门相连。

翠屏岩向西有两条山路，下面一条可通移影桥，与上面一条山径交会于绝壁，两壁天开，曰一线天，有53级可攀登至联云亭。移影桥向南有揽曦亭、夕光洞、云梯诸胜，夕光洞左石壁上镌刻王鏊手书巨幅“寿”字。

石公山东麓千人座大石板前石公石婆早已被毁，“文革”后留下开山残迹，20世纪90年代逐渐清理危崖残迹，恢复明月坡，建万佛塔（海灯法师灵骨塔），从堂里移建一座厅堂，配以轩廊，遂使破碎山麓略有改观（图4-7～图4-9）。

图4–7　石公山东麓开山残迹治理方案

2. 林屋梅海驾浮阁

“梅”是自古以来深受中国人喜爱的名花，更有“梅痴”、“梅癖”、“妻梅子鹤”之说。范成大称梅“韵胜”、“格高”。“俏也不争春，只把春来报”成为亿万人传诵的名句。由于“梅”这种拟人化的品格，常在风景园林中被用来点题构景。

由太湖大桥一踏上西山，大小近百片梅林沿公路首尾相接，和龙洞山周围千亩梅林汇集成壮观的十里梅海。梅海中，龙洞山周三里高50余米，山下林屋古洞为道家第九洞天，有一穴三门：雨洞、旸谷、丙洞，金庭玉柱，石室银户，称仙迹之胜（图4-10）。山上林屋之石，若行若聚，将翔将踊，如虬如凤，又似怒虎伏犀，更有曲岩沟壑纵横，这是太湖

图 4–8　石公山东麓鸟瞰图（1996 年）

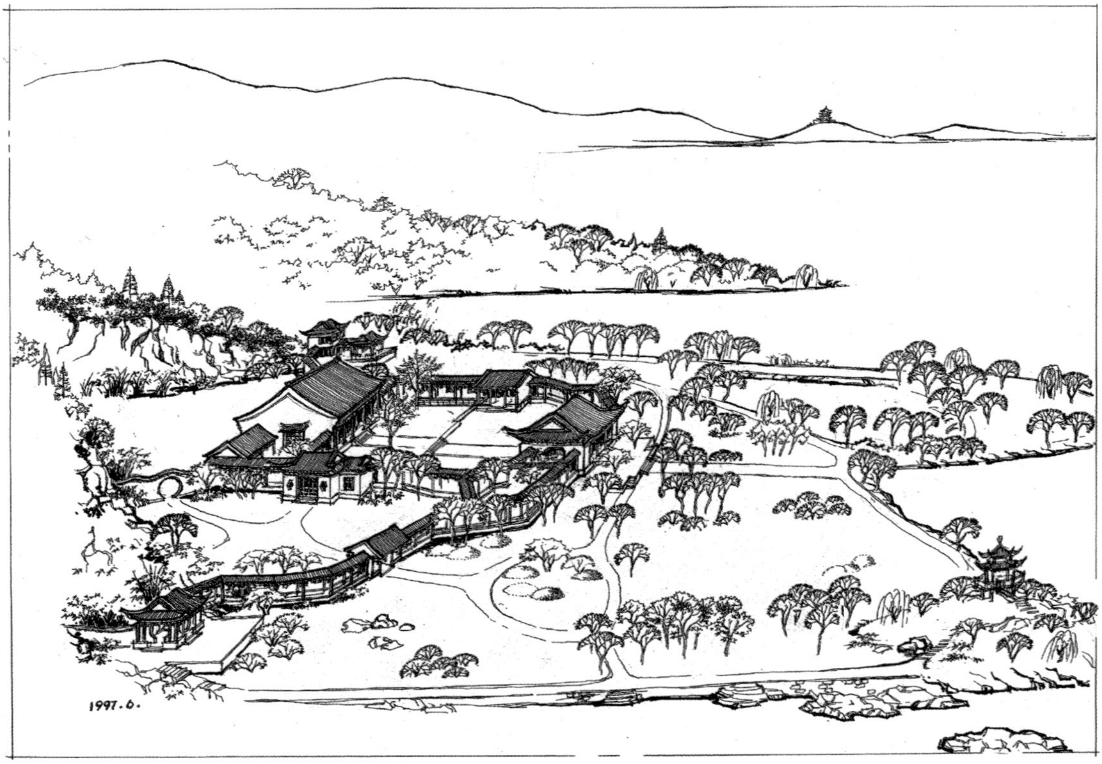

图 4–9　石公山东麓鸟瞰图（1997 年）

图 4–10　旸谷入口处

图 4–11　梅花丛中有楼阁

图 4–12　驾浮阁

石天然之胜。山之四周沃壤良田，茶橘杨梅、银杏枇杷择地而立，更有梅林铁杆虬枝，含苞怒放。香雪云海十里相接，此为梅海之胜，西北：层峦岫列，出没翠涛，村寨楼宇错落有致，粉墙黛瓦鳞次栉比；东南：太湖弥天放白，岛屿纵横，渔帆似贝叶随风飘荡，此乃湖光山色之胜。

西山是太湖吴文化的肥田沃土，湖山处处留胜迹，龙洞山巅则是湖山灵气动荡吐纳的交点，建筑形式必须服从于自然和文化，古人云："堂以宴，亭以憩，阁以眺，廊以吟"，因此在这自然和文化聚积的地方，"阁"当然是首选的形式了。曾当过南宋户部和工部尚书的李弥大在其《道隐园记》中写道："有大石通小径而又曲，曰曲岩……岩观之前大梅数十本，中为亭曰驾浮，可以旷望，将凌空而蹑虚了……"亭的位置大约就在如今楼阁的位置，据此，新阁沿用"驾浮"之名（图 4-11）。

风景区的建筑藏胜于露，而露又胜于藏，这是相辅相成的。当自然景物的空间成景对于风景本身已具有支配性的地位时，藏就胜于露；相反，在处于支配地位，本身又不具有支配能力时，风景建筑的露又胜于藏了。

驾浮阁总高 24.01m，楼阁八面三级，琉璃攒尖屋面，全部钢筋混凝土构筑（图 4-12）。这对精于江南传统楼阁建筑技艺的香山匠人说来，倒是十分便于施工的易事。阁坐落在宽敞的平台上，平台内设二层，四周围以花岗石栏杆，平台和楼阁组成了明三暗五、体态敦实、气宇轩昂的主景建筑，巍然耸立在坡度平缓的龙洞山巅（图 4-13 ～图 4-15）。平台的

图 4–13　驾浮阁透视图

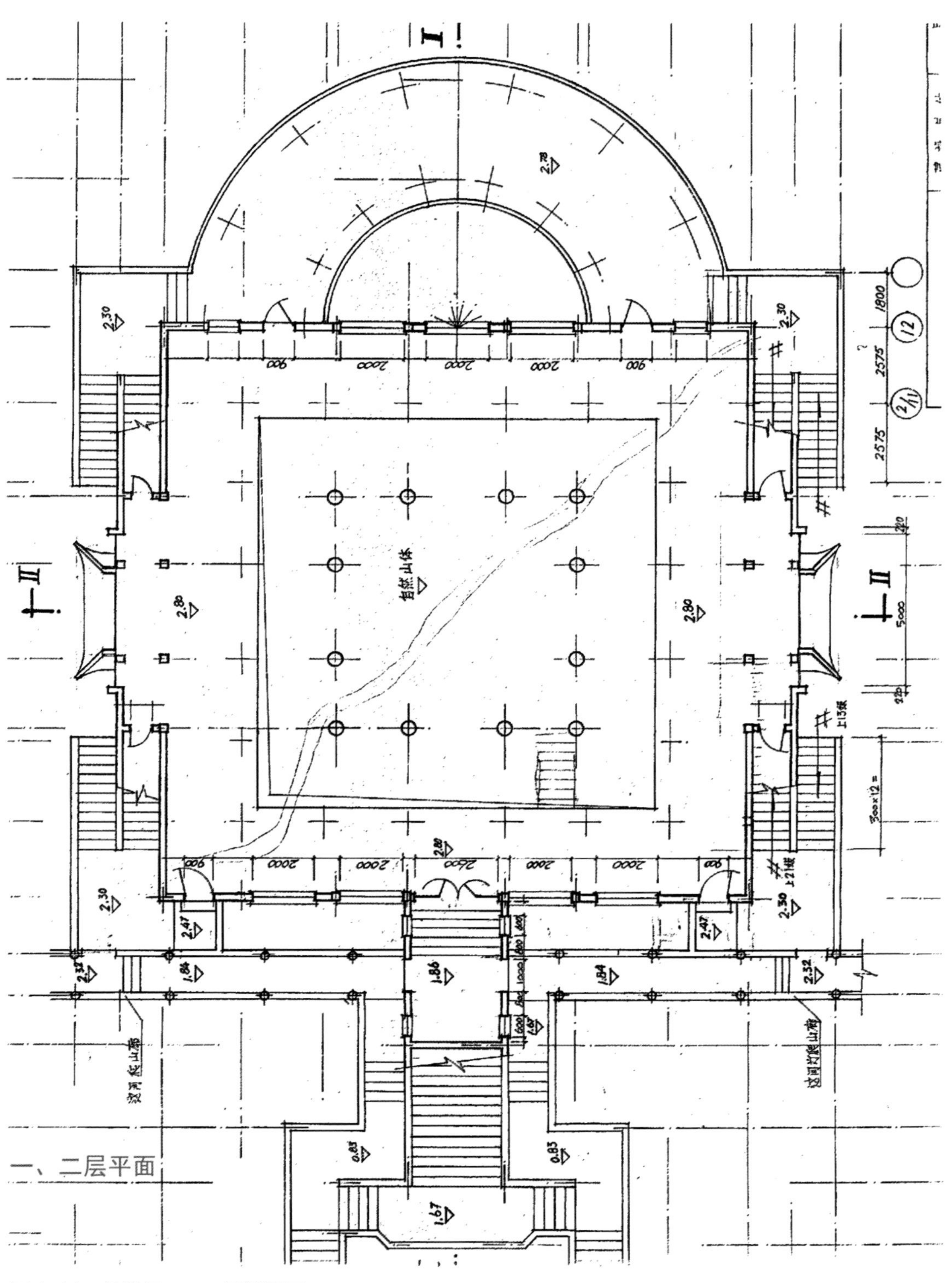

图 4–14　驾浮阁一、二层平面图

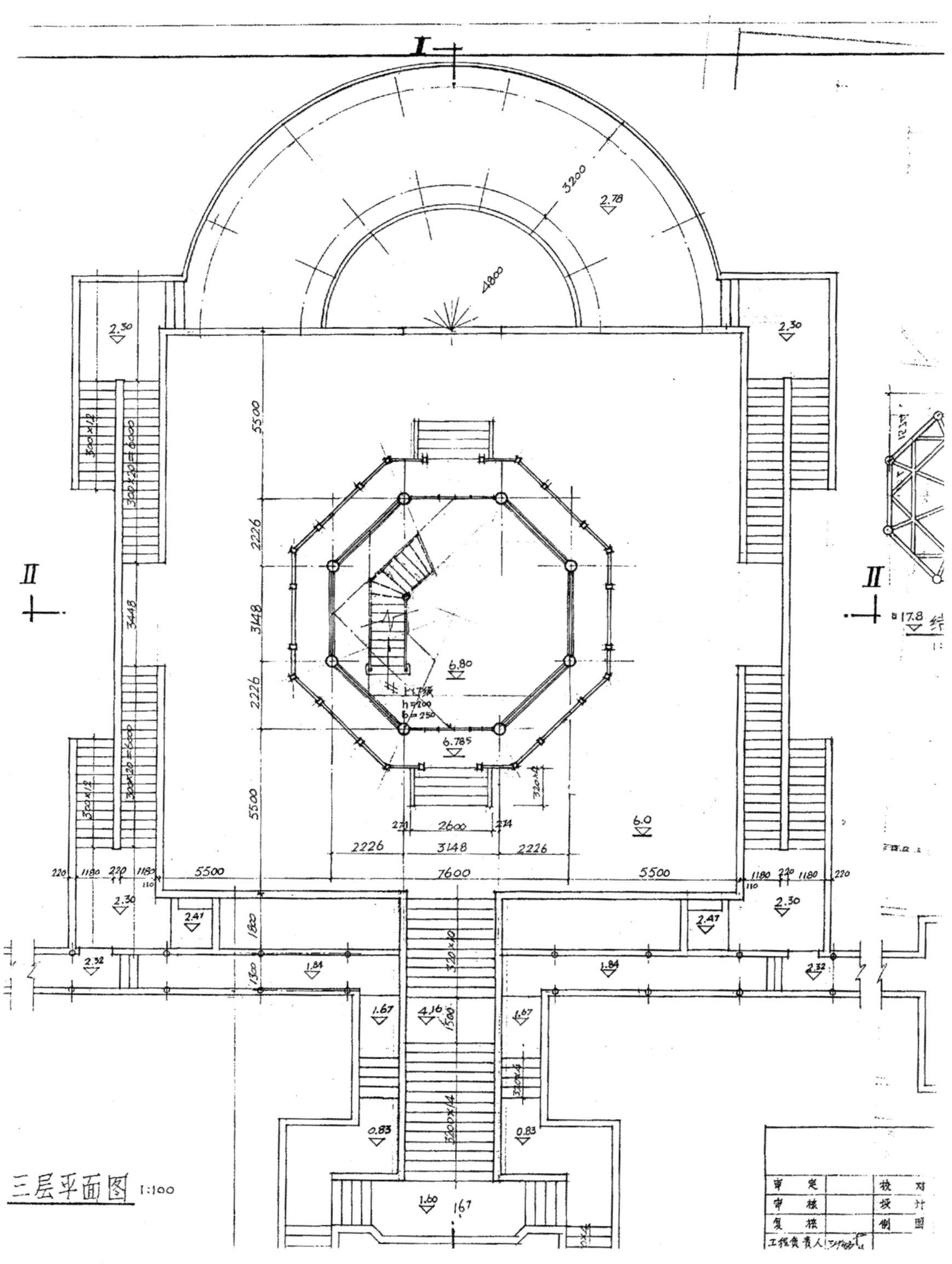

图 4–15　驾浮阁三层平面图

基础随高就低和岩体咬合在一起，既烘托了楼阁的气势，也改变了山体平缓的轮廓线，而台下数百平方米的整块太湖石完好地藏在台下的大厅中，岩体上的沟壑孔穴和驾浮阁前的曲岩，以及林屋古洞一脉相承（图 4-16）。这时您再细读白居易的《太湖石记》，必然能感悟出山上千姿百态的太湖石的灵性。平台二层 80m 的环廊内陈列的颂梅、赞梅书画精品和摄影佳作与平台周围的梅融为一体。

图 4–16
驾浮阁下群羊岗

西山林屋山巅是湖山灵气动荡吐纳的交点，现在驾浮阁已成为林屋洞景区启、承、转、合序列空间景观的高潮，是观赏林屋梅海的最佳所在，也是西山林屋梅海艺术构图的中心，丰富了天际轮廓线（图 4-17、图 4-18）。

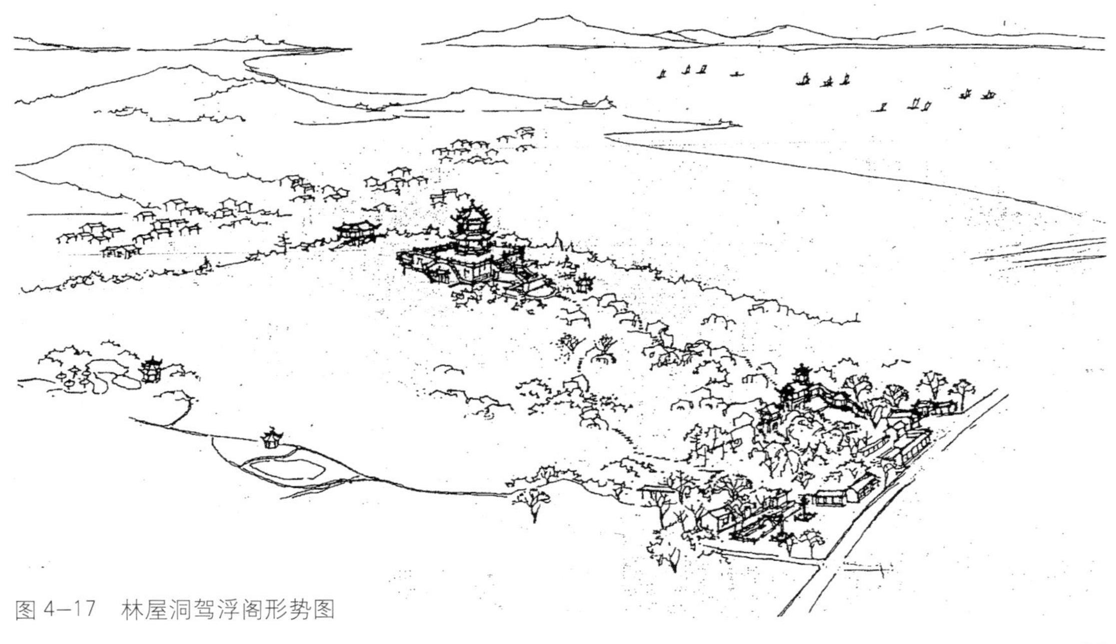
图 4–17　林屋洞驾浮阁形势图

图 4–18
群梅荟蔚，空阁翼然

登高览胜的心情，令游客循着游路随山势左转右弯（图 4-19），秀丽的太湖石似磴如伏，奇的、险的，疏密有致地显露在登山道两侧，山坡上石隙中红梅、绿梅、果梅或三或五点缀其间，“忽然一夜清香发，散作乾坤万里春”，有血红的、碧绿的、淡黄的、洁白的……朵朵晶莹如玉，山上的梅花和山下十里梅海又如一片片祥云将驾浮阁轻轻托起（图 4-20）。

在这里，可以“坐观万景得天全”。如果说驾浮阁最大限度地揭开了人与自然脉脉含情的面纱，表现了一种无我之境的话，那么，驾浮阁及其四周的太湖山水，悠久的文化内涵，将会把人们带到一个更高的审美层次。“万花敢向雪中出，一树独先天下春”，透过迎着凛

图 4–19
结合自然环境设计的游路

图 4–20
横斜驾浮阁下，
与微云相知

冽寒风的梅海，人们仿佛能够读到太湖之滨渔耕部落“虙”文化的起源；梅林中殷红似火的绚丽里流淌着练渎古吴艨冲开国将士的鲜血；绽开的梅花蔑视地嘲笑波殿蟾宫塞林屋导致亡国的昏庸；而“商山四皓”，悟此世之泡幻，藏千里于一斑，开发西山之达观；细数七村八巷九里十三湾和五宫四观三庵十八寺等留下的诗词赋记，还有那些掩映在梅丛中古老的民居，记录着宋室南迁后洞庭山的文明和繁荣……而今壮美的太湖大桥已将西山和苏州、上海紧密地联系在了一起。随着生态农业的发展，浸润在茫茫太湖之中饱含着悠久文化的西山景区的林屋梅海，每年孟春，都将敞开博大的胸怀，绽放出更加绚丽的光彩，迎接各方朋友的到来。

驾浮阁建设纪实

在四十余米高的林屋山巅建楼台高阁，施工的难度主要是成千上万吨建材的运输，此外，特殊的地质结构、气候等都会对工程进展带来极大的困扰。

（1）特殊的基础

林屋山下有著名的道教第九洞天，但糟糕的是，20 世纪六七十年代，在大打矿山之仗时竟然在山之南麓开山取石，这就给林屋洞留下岩体松动的潜在隐患。在驾浮阁基础清理时，发现巨大的石灰岩岩体中间有一条天然沟壑，似乎与山顶东坡曲岩相连，但它和第九洞天这座溶洞形成肌理有没有关系？在上面是否能建二十来米高的楼阁？总之，这些问题都必须认真研究。

首先将溶洞平面图叠合到林屋山平面图上，溶洞在山之西侧，离山顶有相当一段距离，又请教第四地质队的两位专家，认为这样的山体结构，至少在六千万年前的地质构造中已经形成，可以断定这样的山体构造是稳定的。既然山体是稳定的，干脆清理出这一巨大“太湖石”上的沟壑和浅表洞穴，修改基础设计图，直接在岩体上钻孔插入钢筋，灌筑柱基，这就形成了驾浮阁下两层平台特殊的基础。

（2）宝顶“烟云”

楼阁建设时，气温有时降到零下5℃，山顶上风又大。随着工程进入结顶阶段，宝顶的安装也必须抓紧。这宝顶是专门烧造的，由山下经过一次次的垂直和水平运输均未出现差错，没想到大家把它抬到攒尖顶就位时，横在里面的一根横担木突然咔嚓断裂，正好落在攒尖顶上，有惊无险，要是发生点意外，想要重新定制，至少得两个月，工程就无法按期竣工了。

紧接着给宝顶内浇轻质混凝土，突然在宝顶上冒出了一溜烟云，足有三米多长，不停地在宝顶上飘忽，我立即质问施工队的队长：“怎么在上面生火取暖了？”大家看到阁顶冒烟，也感到惊愕，队长赶紧爬到二十多米高的攒尖顶去看个究竟！根本没有人在阁楼顶上“生火”。队长干脆攀爬到脚手架顶，这才发现，是数千万只小小的飞蠓随气流飘忽，时聚时散而形成类似烟云状态。

几天以后驾浮阁攒尖顶的脚手架拆下来了，已经可以看到阁顶美丽的形状了，驾浮阁宝顶上又一次飘忽了这一缕烟云！

3. 寒山夕照

含谷（一名寒谷）位于太湖东西山之间交通要津，陆巷旅游码头北首，是东山白豸岭向西蜿蜒伸向太湖的余脉。背依高山，幽坞藏寨，三面环水，周围岛礁似青螺伏水，隔湖西山依稀可辨。每当黄昏暮霭，红日徐徐坠落，登山眺望，霞光万道，金波粼粼，灼灼耀眼，渔帆、樯影满湖。

1994年太湖大桥建成通车前，西山岛民对外交通依赖水上交通。1984年西山景区石公山、林屋洞、罗汉寺等景点相继开放，东山陆巷码头成为主要渡口，大小船只已发展到16艘。然而每当节假日，游客蜂拥而至。为缓解游客待渡的焦躁情绪，决定按太湖风景名胜区规划在陆巷码头东北隅具有良好自然和人文景境的寒谷上建景点，占地近30hm^2。

寒谷山高仅41.2m，全山土层厚薄不均，经过村民长期辛勤耕耘，山坡橘林茂盛，四季苍翠葱郁。“寒山夕照”景点就位于顶部1.2hm^{2}的山地上，周边都是果农为驳果林坎台撬取块石后所形成的大小不一、支离破碎的石宕，部分天然巨石裸露，有一块巨石上留有仙人脚的足迹。明王琬诗曰：“闻说蓬莱采药仙，飞来曾息此山巅。不知何日凌云去，石上灵踪万古传。”清吴鼎芳有诗曰：“仙人去已久，履迹留山中。山根一片石，岁岁桃花红。长松响空雨，岩洞纷濛濛。碧岭挂古月，青溪飞断虹。此意少人会，聊寄黄眉翁”。山上还留有果树浇灌用的8m直径高位水池一座。

1987年吴县园林处与陆巷村办好征用协议和相关手续。完成项目立项审批后，国家计划投资50万元，据此，笔者亲自参与地形测量，因地就简完成设计初始方案（图4-21）。

同年秋月，太湖风景建设委员会办公室（现称太湖风景委员会办公室）邀朱畅中教授到现场审视方案。朱教授建议，在中部山巅高位水池处以建阁为好。遂放弃环绕高位水池之五亭方案，同意分别从三个主要潜在风景方位构筑静观楼、可月堂、试箭阁三组具有较深景境的建筑（图4-22）。

寒谷山景點鳥瞰（局部）
·1987·

图 4-21　寒谷山景点鸟瞰（局部）初始方案

寒山夕照总平面图

图 4-22　寒山夕照总平面图

静观楼沿用明代王鏊含谷山坞静观楼之名（原楼早已湮没），依山岩而筑，为凸形平面三面歇山飞檐小楼（图 4-23）。楼北平台与山坡自成一体，远远望去仅见一层堂屋，走到近处始见一处下旋通道，通道为实，下面水池为虚，隐含一幅太极原图。楼西，爬山廊起伏拐曲和倚梅亭相连（图 4-24），空间上下盘旋变化奇巧，似在内又如在外。足下，曲水流觞，池水内外相通。倚梅亭临崖而筑（图 4-25），崖下潭水清澈，亭前老梅展枝。静观楼横卧寒山南岗，凭栏眺望：左侧，东山如长蛇夭矫蜿蜒；右侧，洞庭西山偃然如屏障立太湖之中；正面湖中大、小萧山及三山、香山、笠帽……诸山或远或近出没于波涛之间，烟霏开合，顷刻万状，足以令你陶醉神往（图 4-26）。

可月堂坐西向东，位于静观楼东侧 70m，两侧杨梅成林，堂内收藏镌刻王鏊手书“可月堂”碑石一方，记载王鏊就月光苦读连中三元，以激励后人奋发进取。值得回顾的是，可月堂所在地理位置虽然重要，但山坡平缓，不具备支配和控制能力，必须以人力补充之。

图 4—23
静观楼

图 4—24
倚梅亭和爬山廊相连

图 4—25　倚梅亭临崖而筑

图 4—26　客路青山下，行舟绿水前

图 4—27　可月堂内看诗画陆巷

于是在此筑 6m 高台，再建可月堂这组建筑，终于能使广大游客居高临下：眼前山坳郁然深秀，双峰拔起，满目葱郁；古村陆巷坐落果林之中，农宅因地制宜、随高就低，粉墙黛瓦，鳞次栉比，参差辉映；街巷随机形成，高墙深巷，纵横交错，更有明清建筑如遂高堂、惠和堂、晚三堂、熙春堂等三十余座，为古村赋予了深刻的文化内涵，使你遐想翩翩；向南：太湖水湾烟波渺弥，青山绿水，梯田果林，与粉墙黛瓦交织在一起，构成一幅清新淡雅的画卷。（图 4-27）又以游廊连堂、轩，轩西一汪清水，名曰“月潭”。

可月堂向北越过山冈 80m 便是试箭阁（图 4-28），沿途裸露岩石褐里透红，向北缓缓倾斜，低处积水为池，清水映照阁下，平台依真山脉络展开，真假自由衔接，直至阁前。南首黄石叠砌，皴如斧劈，形如峡谷，将洗手间暗藏其间。当你走近谷口，恰好将湖中小岛框景眼前。穿过峡谷，盘旋而下，钻山洞经厅堂，沿着台阶拾级而上便是试箭阁。放眼望去，橘林满坡。西眺，箭壶岛（小岛状如箭壶，因名）点缀在碧波荡漾的太湖之中，春

图 4–28
试箭阁

图 4–29
箭壶岛

秋吴越攻伐，吴王曾在此习练水军（图 4-29）。

静观楼、可月堂、试箭阁以本山石材构筑，没有雍容华贵之态，恰和寒谷山有着统一的肌理，以古拙、淡雅、素净、简练取胜，充分地散发出浓郁的地方气息，给人以崇朴鉴奢、以素约艳的感觉和美的享受。三者如三足鼎立寒谷山之巅，形态各异，同是赏景，纳景却各具特色，自成一体，已经成为寒谷山良好游憩所在。

2011 年夏，应邀参与审查新宇设计公司所作“寒山夕照”后续方案，由于这些年轻同志对人文历史环境不熟，会上与会专家希望我为东山景区“寒山夕照”再作贡献，由此续绘“寒山夕照”方案图（图 4-30、图 4-31）。

方案图中，静观楼、可月堂、试箭阁三组风景建筑中心，将建噀香阁、山门及治理废岩，铺设游路，绿化配植等，逐步建成东山景区的游览场所。噀香阁作为寒谷山景点的高潮，广纳湖光山色，其名取于苏东坡“二年洞庭秋，香雾长噀手”之诗意。遥想当年苏子

图 4–30
寒山夕照方案续一

图 4–31
寒山夕照方案续二

瞻入太湖，登洞庭山勘察水情，饮洞庭红橘佳酿，醉吟《洞庭春色》，又写《洞庭春色赋》，留下了“宜贤王之达观，寄逸想于人寰，袅袅兮春风，泛天宇兮清闲。吹洞庭之白浪，涨北渚之苍湾。携佳人而往游，勤雾鬓与风鬟，命黄头之千奴，卷震泽而与俱还……尽三江于一吸，吞鱼龙之神奸，醉梦纷纭，始知髦蛮，鼓包山之桂楫，扣林屋之琼关，卧松风之瑟缩，揭春溜之淙潺……”气吞山河的辞章，陶冶我们的情操。

寒谷山景点因地制宜，巧于因纳，掇自然风景之精华，融地方优秀历史为景境的内涵，以启迪人的心灵，达到寓教于游的目的。

4. 长沙岛凤凰台

1992 年吴县兴建太湖大桥，北起胥口渔洋山，经长沙岛、叶山岛至西山大庭山，全长 4308m，由一、二、三号桥组成。太湖长沙岛平面呈展翅凤凰，凤凰嘴也因为地势形如凤凰头部而得名，太湖大桥一号桥南桥头即设于长沙岛凤凰嘴的山冈上。由于太湖大桥基准水准点在这小山岗上，修建太湖大桥挖取土石方时留下了 7×28m 的山冈，山冈周边留下几个月牙形宕口，大桥通车后经常有人在此摄影留念，而这一弹丸之地也是村里唯一可启用之地。

为此长沙岛的邱开建于 1995 年邀请笔者作景点设计，设计依月牙形宕口作大小不等的圆形平面布局。

该组建筑全部使用当地黄石砌筑，结顶为不同的攒尖亭式结构。设计充分保留山冈台地，架小桥，疏沟渠，修矶渚，遂形成一组高低错落、风雅别致的袖珍的城堡式景点，由于这组建筑坐落在凤凰嘴的山冈上，又形成了大小不同的台地，所以命名为凤凰台（图 4-32 ～图 4-34）。

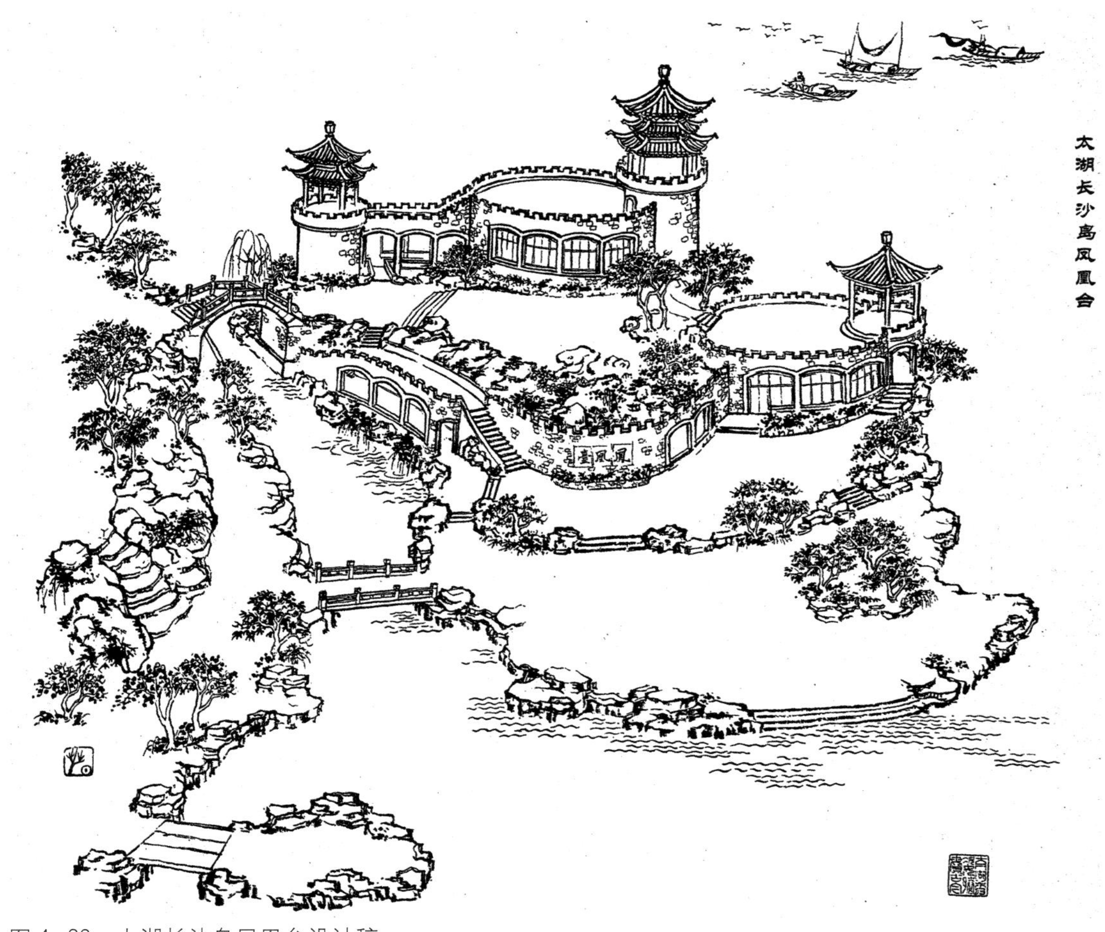

图 4–32　太湖长沙岛凤凰台设计稿

图 4–33　凤凰台全景

图 4–34　单檐烟雨亭、双檐悟味亭、三檐凤栖阁

图 4–35　渔洋山、太湖大桥、凤凰台

景点不大，当你登上这座不起眼的景点时，它恰和太湖大桥周边的山水融合成一组比例适度的观赏点（图 4-35）。

5. 天池山山门

天池华山高 174m，面积 60hm^2，位于苏州西郊，与天平、灵岩、支硎诸山同为天目山余脉。天池山和华山乃一山两名，山之东爿为华山，山之西爿为天池山。因山巅有几块巨石矗立，远望似一朵初放的莲花，故名花山（华山）。西坡半山坳中，长年积有澄波盈盈的池水，名曰天池，池边石刻“水底烟云”四个大字。

天池华山多怪石清泉，有金蟾峰、比丘石、天灯楼、馒头石、寿星读经石等奇幻石景，有洗心泉、寒枯泉、地雷泉、盈盈泉、钵盂泉等清澈、味甘的山泉。坞内还有国家级文保单位——元代创建的寂鉴寺石屋等文物。华山林木葱郁，溪流潺潺，环境十分清幽，于茂林修竹山坳中尚存有翠岩古刹的石柱遗址，虽然饱经风霜，仍能使人感受到当年的气势恢弘和香火盛极。山道盘桓于嶙峋怪石之间，向上五十三参，取佛经“五十三参，参参见佛”之意，相传当年乾隆皇帝游莲花峰，岩壁险峻，难以登攀，翠岩寺寺僧一夜间在一块巨石上凿出了 53 级踏跺。天池华山景色秀丽，历代文人骚客接踵而至，在裸露巨石上留下了墨迹，有明赵宧光等名人石刻和清乾隆御题诗刻等四十余处。

图 4–36　天池山入口规划方案

1998 年春研讨天池山道路及停车场方案，笔者参加。同年 9 ～ 10 月作山门改造方案（图 4-36）。

天池华山藏名刹，所以大门作殿堂式，有中间大门，左右配以小门，佛家称之“三门殿”，象征“三解脱门”：“有空”、“无相”、“无作”。山门下桃花涧溪水奔流跳跃，绕着山门而过，浮光掠影中，天池华山俨然宛如一座仙岛。一座石拱桥飞跨溪水上，名曰“莲花桥”，脚下步步生莲，象征着走进圣洁之地。桃花涧周围存有古牌坊遗址，于是在山门前宽阔的广场上拟建牌楼一座，四柱落墩，檐角高挑，为山门更添雄伟秀丽之色。又以回旋的曲廊和凌空高倚的阁楼掩于溪水流逝的方向，形成围合空间。

6. 雨花台桃花涧

东山雨花台景区，幽谷深坞，山下果林茂密，山上为混交次森林，清泉汇幽谷潺潺而下，春天漫山飞红，流水夹带落英穿溪涧，时常还有“归云连雨入山壑”来助兴，“雨花”胜境因而得名。

“桃花涧”，春天“桃花尽日随流水”之涧，具有“桃花流水窅然去，别有天地非人间”的意境，因此设计以自然山林、古石拱桥为原始风景，移散落的王鳌“雄黄矶”石刻点题，清理沟谷，以本山黄石堆叠矶石、沟渠，古石拱桥畔又置一座面敞山涧的亭子，好似仙境中的仙山琼阁，于此亭小憩还有“人过桥边倒影来”的情趣，别有一番风味，从而形成既自然古朴又有一定文化含量的景点（图 4-37）。

图 4—37　桃花涧意境设计稿

五、木渎憧憬

吴中风景名胜古镇、古村林立，甪直、东山、西山、木渎、光福、陆巷……各具胜概，如：西山的梅园、石公山、罗汉寺、包山寺、禹王庙、春熙堂、古樟园、明月湾、天下第九洞天林屋洞；东山的启园、雕花楼、明善堂、轩辕宫、紫金庵、陆巷村、雨花台、三山岛；光福的圣恩寺、窑上村、石壁、塔山；甪直有保圣寺、萧宅、张陵山……都穿越了重重岁月，烙有鲜明的历史印记，独具个性。

木渎古镇与古城苏州同龄，具有2500多年历史文化积淀。春秋末年，吴越纷争，越国战败，俗话说，“与人不睦，劝人造屋”，越王勾践回国后，采伐越地良木献给吴王夫差，源源而来的木材堵塞了山下的河流港渎，“木塞于渎”，木渎之名便由此而来。有了这么多良木，夫差增筑姑苏台，“三年聚材，五年乃成”，大大消耗了吴国实力。

宋代以后农业手工业的发展促进了商品货币的流通。木渎作为胥江、香溪、浒光、木渎金山运河的交叉点，它是太湖诸岛隐士和苏州市区达官贵人沟通的必经要道，到了明清时期，“园地惟山林最胜”，大量先民便在木渎一带山水环境中拥地建宅，构筑庭院。这时期木渎的私家园林达三十余处。乾隆时代的《盛世滋生图》（即《姑苏繁华图》）中也可以看到昔日的繁华，画中将近1/2的画面展示了木渎古镇的繁华（图5-1～图5-4）。

图5–1　姑苏繁华图（局部）之灵岩山前

图 5-2　姑苏繁华图（局部）之山游雅集

图 5-3　姑苏繁华图（局部）之木渎镇

图 5-4　姑苏繁华图（局部）之遂初园

明清以来的风貌有许多仍以可视文化的风貌留存于世，当主要交通方式转变为公路时，木渎的发展又先后沿着苏福公路，木东公路和金山路蓬勃发展。因此木渎石家饭店，斜桥以西“斜桥分水”、“虹桥晚照”、“西津望月”、“南山晴雪”等历史风景，至今仍保持了古镇水乡风韵，一些宅第园林也保留了不少遗构，这些都是不可多得的历史洗礼留下的精华。

当前，随着全球一体化的信息交流，文化交流正在加速，原来具有地域特色的文化日益变得模糊。“千城一面”，就体现了地域的衰退乃至丧失。木渎古镇也面临着挑战。

如果说过去在保护古镇有过一些失误的话，损毁的手段是手工业作坊式的，而现在只要在决策上稍有不慎，摧毁它的手段却是现代化，几乎可以在顷刻之间化为灰烬。所以保护古镇的历史文化，是我们责无旁贷的神圣使命。路径、边界、区域、节点和标志物等五种元素构成了人对古镇认知的基本框架，或者称为这种特色的载体，是人们心目中的“心像风景”。

当然，一个地方文化特色的认知，并不能仅仅依靠一两个景组合成的标志物，而只有经过反复地从局部到整体，从微观到宏观的反复体现才能真正形成强有力标志性主景。

木渎的品牌是“古”，是2500年的人文历史和山水相辉的自然风景，据此，木渎打出了“乾隆六次到过的地方”这一通俗易懂的独特标签。

现在木渎镇对遗留下来的古建筑和历史园林进行了重点修复，保护具有历史文化价值的古桥梁和河港码头，筹资抢修榜眼府、古松园、羡园（严家花园）、虹饮山房和灵岩山馆等景点，以彰显历史文化名镇的固有特色，逐渐显现出江南园林古镇的特点。

作为国家历史文化名镇，由于地域的特殊环境和历史的原因使古镇内历史文化资源损坏较为严重。要保护好这些优秀的历史文化遗存，确是一项既艰难又十分繁复的工程。

古镇一方面具有较好的地域优势，而另一方面地域内民居的居住和生活环境条件普遍较差，它又制约了经济的发展；反过来，经济发展的缓慢又影响了古镇人民生活水平的提高。

在当前社会转型期，房地产的实际价值对古镇历史文化保护带来了冲击；政府从计划经济向市场经济转型时出现的非市场失灵更增加了古镇保护的难度。

古镇保护在当前来说，破坏性建设是主要危险，但另一方面单纯强调保护缺乏有力措施，不给经济发展出路，也是保不住的。

积极的办法是将古镇历史文化保护街区，纳入古镇规划与当前的建设之中。关键是掌握保护与改造之间的“度”。所谓“度”，就是采用渐进演变的“有机更新”理论，探索适应现代生活建筑类型，以小规模分段滚动开发。古镇是一个容纳上万市民活动的“活”的“有机体”，绝不可以进行大拆大改，但是仍然需要不断地进行新陈代谢，因此有机更新理论主张“按照古镇内在的发展规律，顺应古镇之肌理，在可持续发展的基础上，探求古镇的更新和发展”。在整体保护的情况下用插入法渐次替换以避免大面积的推倒重建。

近年来对山塘街14 ~ 38号杂乱街区，由政府出面组织的整治改造，实施时按照古镇规划要求，政府对原住民贴补部分费用，遂使这一段街区的改造获得了较好的传统风貌（图5-5、图5-6）。

在这一街区又有组织地展示了“姑苏十二娘”的文化品牌，获得了较好的社会效果。

图 5–5　山塘街旧貌

图 5–6　改造好的山塘街

当前木渎古镇在实施古镇保护规划的同时，尤其需要注意以下几个方面的问题。

（1）在古镇历史文化资源较为集中的地段，尽可能实施成片重点保护，逐步收购整治景点周边的古建筑，扩展完善已开放的府第、山房、宅第园林，对于目前仍处于缺少保护状态的优秀古建筑，如南街 43 号，这是一座明代建筑，又毗邻榜眼府第的南部，应积极采取措施，尽快抢修并组织到榜眼府第的成片古建筑中去，为其景点后续发展赢得机遇。

古松园北部已辟建了姚建萍刺绣艺术馆，今后逐步将原有一片工业厂房改建为刺绣培训、陈列、展销的综合场所，以弘扬苏州刺绣这一非物质文化遗产的光辉。为此必须严密监控上述几片古建筑群体的周边环境，使之较为完整地展现历史文化的生活空间。

（2）古镇沿几条主要河道临水而筑形成的山塘街、西街、中市街、下塘街、下沙塘等历史街区两侧的建筑，按照有机更新的理念采取穿插式渐次改造更新。重要街区的修缮要恢复旧有木渎历史商贸重镇的繁华（图 5-7）。在斜桥分水、西安桥、小日辉桥等具有潜在景观地段要采用减法手段，拆除一些多余的建筑，适当增加绿化培植和临河休闲设施，以突出水乡古镇具有标志性景观特色的优雅环境。

图 5–7
木渎古镇香溪河畔
古瓷馆及西施桥

（3）对于已开发景点和借景灵岩山潜在自然风景的视觉走廊地域，在控制古镇风貌的同时，必须严格控制其高度，以达到古镇借景灵岩山的最佳效果（图 5-8）。

图 5–8
虹饮山房前香溪河畔改造借景灵岩山

图 5–9　香溪水巷

（4）积极保护古镇内河道、驳岸，以及其他带有历史文化元素的市政设施，以保持历史风韵（图 5-9）。

由此逐步将目前古镇分散的点，中断的线和不协调的面组织成一个系统的有机整体，使木渎古镇优秀的历史文化资源在社会转型期做到资源的最佳配置。

1. 西辉双桥

古镇胥江与南街走马荡交汇处，西安桥与小日晖桥跨河相连，构成木渎西辉双桥风景。由于桥畔西街、下塘街沿河搭建，使这一地段街道水巷杂乱拥挤（图 5-10）。为了彰显木渎古镇“三步两桥，河水悠悠”的水乡风貌，作方案建议用减法拆除桥畔不成品的建筑(图 5-11)。西安桥往西即为著名的“姜潭渔火”景致：薄暮时分，水面上升起点点渔火，和万家灯火、天上繁星交相辉映，分外绚丽迷人。

图 5—10
西辉双桥沿河搭建

图 5—11　西辉双桥规划透视图

2. 南街冯秋农故居

南街 43 号冯宅是木渎古镇仅存的二进明代晚期建筑（图 5-12）。由墙门、万堂楼厅以及围墙组成封闭式庭院。建筑坐东朝西，右路后期沿北部院墙搭建偏厦，东部后园紧挨楼

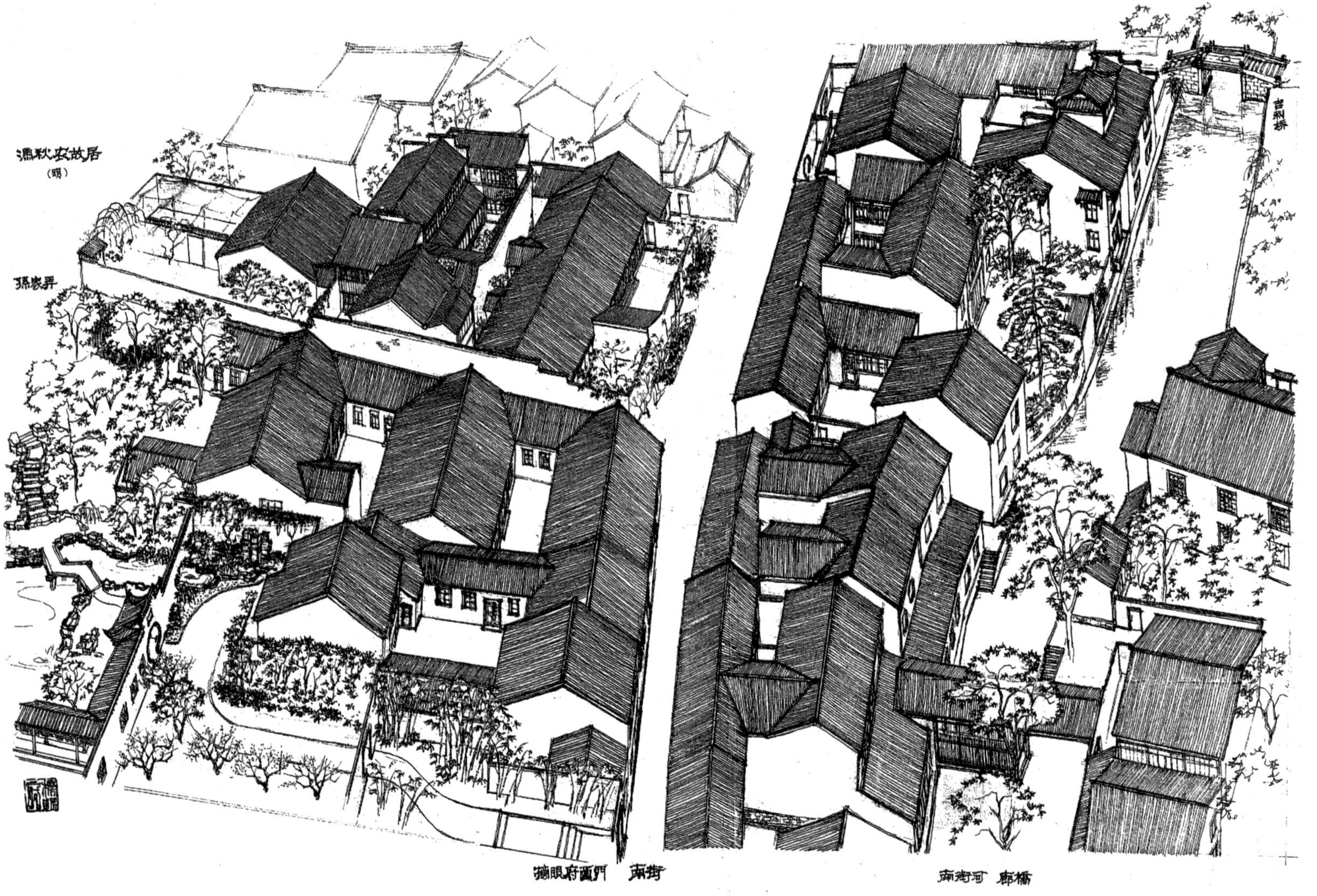

图 5–12 木渎古镇南街一隅俯视图

厅是近期续建的附房（图 5-13、图 5-14）。厅堂为内四架扁作结构，左右带厢，楼厅二层左右带厢（图 5-15、图 5-16）。门楼为冯宅的精华之作，砖雕集中布置在上方、中方、下方和左右兜肚等处。上方浮雕天鹅、云朵、寿字，意为“添我高寿”；中方浮雕“贻厥孙谋”四个大字；下方浮雕鲤鱼跳龙门；左兜肚里浮雕鹭、莲花，意为“一路连科”；右兜肚浮雕鹈鹕、戴胜，意为“醍醐灌顶”，并衬以象征清高有节的竹子。砖雕线条柔顺秀逸，图案寓意吉祥，情趣雅俗兼备，充分表现了苏州香山帮匠人高超的艺术水平（图 5-17、图 5-18）。

图 5–13
破败的冯秋农故居

图 5–14　冯秋农故居鸟瞰图（2005 年）

图 5–15　第一进楼厅梁架木构件

图 5–16　第二进楼厅

图 5–17　门楼

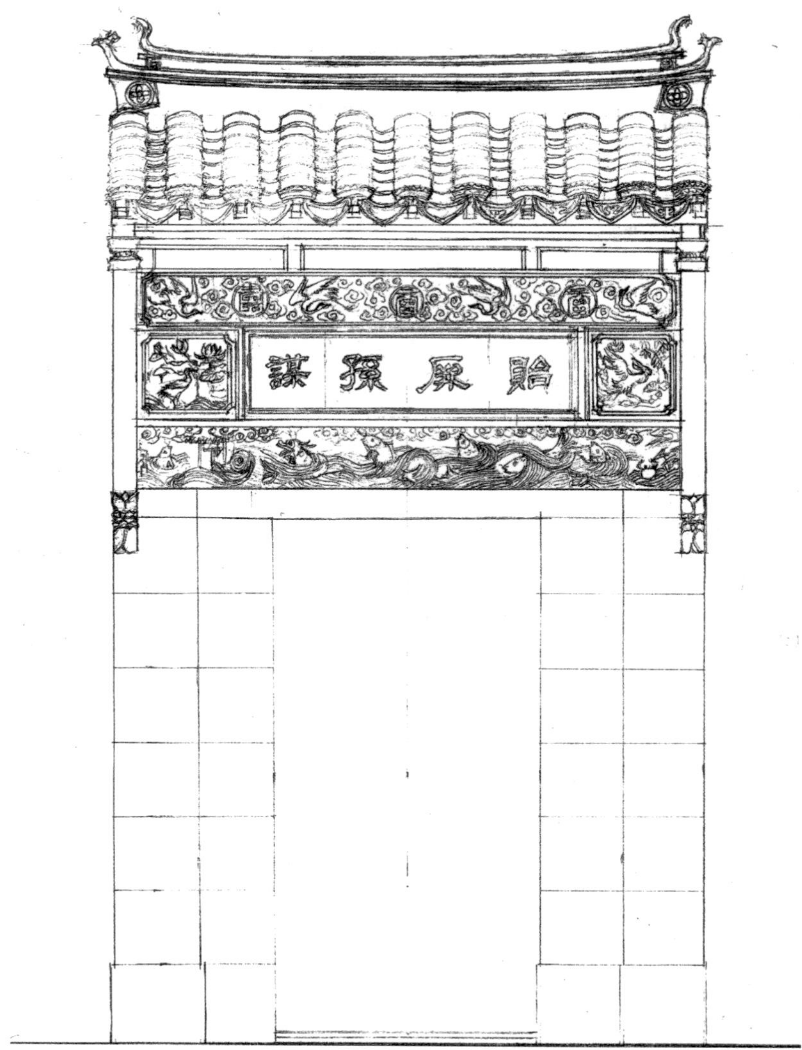

图 5–18
门楼修复设计方案

3. 姑苏十二娘影视风情园

姑苏十二娘影视风情园位于中国历史文化名镇木渎，与严家花园隔河相对，占地十三余亩（图 5-19 ～图 5-21）。

“姑苏十二娘”包括蚕娘、蚌娘、船娘、琴娘、歌娘、灯娘、画娘、扇娘、花娘、茶娘、织娘、绣娘，集中展示了十二个行业江南水乡劳动妇女形象，代表了吴地妇女的勤劳和智慧，是吴文化中最为精彩绝伦的部分。

姑苏十二娘影视风情园方案（图 5-22）以央视《姑苏十二娘》剧本和“舞美”设想方案为设计依据，按影视场景的拍摄需求，将街巷牌楼（图 5-23）、茶楼店铺（图 5-24）、戏台广场（图 5-25）、农家小院浓缩于十来亩方寸之地，充分利用小浜大河移建古朴的石拱桥，

图 5–19　风情园建设前地貌：远处为灵岩山

图 5–20　风情园建设前地貌：水池、菜地

图 5–21　风情园建设前地貌：盘隐草堂残留的基础

修平板石桥，建廊桥（图 5-26 ~图 5-28），沿河开河埠码头，展示木渎园林古镇和重要商埠的繁华景象。风情园以十二娘的鲜明特征，分别规划设计了相应的文化展示空间，又充分依托木渎古镇和木光运河，远借灵岩山苍翠的山影，建成为一处独具特色的影视风情园。总建筑面积 4136m^2，于 2009 年秋竣工。《姑苏十二娘》电视剧已完成拍摄工作。现已将风情园正式对外试营业，将会丰富木渎古镇的文化内涵。

图 5–22　姑苏十二娘影视风情园方案

图 5—23
牌楼

图 5—24
石牌坊

图 5—25
正在建设中的茶楼

图 5–26　戏台

图 5–27　石拱桥

图 5–28　平板石桥

图 5–29　廊桥

六、古艺远播

秀甲天下的苏州古典园林被列入世界文化遗产名录，成为全人类的艺术瑰宝，其魅力四射的构园艺术，吸引了全国乃至全世界的目光，苏式园林大放异彩，香山帮技艺遍地开花。于是，笔者也有机会为苏州之外乃至国外的园林进行方案构思设计。

1. 徐州点石园

点石园，位于徐州龟山汉墓北侧，里面是周庆明先生的个人民间收藏。我与周庆明先生相识是一种缘分，两人志趣相投，就构筑点石园事宜相谈甚欢。园成，感念工程过程中的点点滴滴，我作《点石园记》，辑录如下：

周庆明先生是中国民间工艺美术家，酷爱收藏，其中，数十载收集之石雕艺术品，自汉至清，历代大小石刻达千余件，堪称奇事。

古徐州多汉楚王室墓葬，小龟山刘注墓为其一，已历二千年矣。右侧龟山之麓，有采石宕口迹地十亩，拟辟为历代石刻艺苑，以康熙旧题“点石园”命名。

戊子之秋，友人殷介，余与庆明先生一见如故。乾坤自开天辟地以来，山水呈自然浑蒙之态，龟山历经墓葬及开山采石，因缘所未至，一泉一石，每每交臂失之。今庆明先生与余探讨构筑园景：乃疏土出石，岩壑溪涧，随地赋形，泉瀑广池，岑峦梯蹬，以显山麓池沼之胜。借此，构园以补汉王墓少休闲处所之憾（图 6-1）。

是园，并无高楼广厦。园之西南有平屋数间，中间三楹为园正门，悬康熙御题“点石园”匾，入门有七丈面阔，不足半亩院落，数件石雕艺术品错落列阵，南侧悬“鸿案长春”匾之方亭骑墙接廊（图 6-2）。过方亭，西侧界墙镶嵌“藏古趣”题刻（图 6-3）。长廊曲折随机，或倚墙临水，或缓坡上下，衔接斋馆（图 6-4）。馆前挂“一乡善士”古匾，斋馆坐南面北，南院海棠、紫薇枝叶相携，墙角修竹茂林，林下巨石为桌，石础为凳，林前石兽和谐相聚。馆前平台临水（图 6-5）。隔水，龟山余脉，突起丈余，岩巅，方亭结构简洁、气宇轩昂，轩左石罅古柯虬枝，枝头树隙送来“兰台竞秀”的几分倩影（图 6-6 ～图 6-8）。

“一乡善士”馆右首为“课艺斋”。过课艺斋则为“漱石居”，门前山崖，云涛飞漱，清心濯魄，“西楚潭影”，曲池澄泓，此以石宕巉岩为粉本，虽费匠心，其大体取资，多出天构，仅以妙手补充之（图 6-9）。滩前拳石错叠，汀石渡波（图 6-10），山水泻溢，激石

图 6-1　徐州龟山历代石刻艺术园方案鸟瞰图（2008 年）

图 6-2　点石园前院

图 6-3　藏古趣

图 6–4
廊接斋馆

图 6–5
一乡善士馆

图 6–6
亭台轩昂，树木峥嵘

點石園中部意境 （南立面）

图 6–7　方亭南立面意境图

點石園中部意境 （北立面）

图 6–8　方亭北立面意境图

湍岸，汇于广池，翠鸟飞鸣，金鳞濡沫，心与景会，鱼鸟亲人。踏汀步左望：余脉独峙池边，池水吟风影动。左岸斋、馆、廊、榭，粉墙黛瓦隐于槐影匝地、棣棠竞秀的花灌丛中。游路沿山砬边向北，山脚前大小赑屃，负碑林立，聚会于龟山之麓（图 6-11）。穿过余脉，岗峦树影中“兰台竞秀”楼依山向西北展现，楼宇小巧玲珑（图 6-12）。当你移步室内展厅，二千年前的汉画像石，唐、宋、元、明、清各代石雕艺术精品，不时令人惊叹。登楼游目骋怀：余脉之巅，方亭与“安然桥”起伏相衔（图 6-13）；拱桥东西，石牌楼（图 6-14）、石牌坊（图 6-15）古朴苍劲，坊前麒麟影壁（图 6-16），略展明时风采；树梢间，山水与粉墙黛瓦交织人寰……从小楼西门下楼，经平台梯道直下临水轩廊，扶廊俯瞰，幽潭清澄，鱼翔浅底。潭之北岸平台浮影探水，台上轩槛藏山，巨木参天，浓荫苍翠；西坡梅花丛中双亭错立（图 6-17），涧水自广池漱险滩，湍桥溢流，汇入幽潭。

庆明先生在九里河各界关注下，运筹帷幄，斥巨资，为展示两千年石雕瑰宝，集思广益，每遇困惑，则极虑穷思，形诸梦寐，便有别辟之境地，若为天开。当散失于荒岗草丛

图 6-9　潭影瀑布

图 6–10　汀石渡波

图 6–11　碑林

图 6–12　兰台竞秀

图 6–13　安然桥

图 6–14　四柱三间石牌楼

图 6–15　石牌坊

图 6–16　明代麒麟影壁

图 6–17　西坡双亭

的画像碑碣、石兽础磌，汇集于斯，蔚为大观，遂使人流连忘返。己丑之秋园成，遵周君之雅嘱，是为记。

吴郡沈炳春撰文

2009.11

工程建设过程中修改设计图纸是经常会碰到的现象，点石园的施工也有因为各种因素而做出局部调整，如四柱三间石牌楼的位置有变动，西坡梅花丛中六角攒尖亭被改成双亭错立，等等。

周庆明先生广交朋友，其中不乏书画家，为了有个雅集之所，又于2012年邀请我参加点石园北隅的扩建（图6-18、图6-19）。

图6–18　点石园北隅透视图（2012年）

图 6–19　建设中的一组建筑，与兰台竞秀隔水相对

2. 美国明尼苏达博物馆苏州庭院方案

20 世纪 90 年代中期，香港人从太湖西山、东山移建厅堂、墙门等古建筑构架，作为美国明尼苏达博物馆展示收藏中国文物的载体。由于缺乏庭院配置及相关古建砖细、装析，1997 年邀吴中匠师李伯兴、陆建军等赴明尼苏达州作展馆建筑和庭院配置的完善。赴美前的各项准备工作已经就绪，但是匠师的签证遇到了困难：必须有从事工作的专业图纸资料，签证才有可能。应李、陆诸师傅之托，1997 年 12 月笔者作明尼苏达博物馆苏州庭院方案图（图 6-20 ～图 6-22）。方案图发出后，诸匠师顺利得拿到了签证。

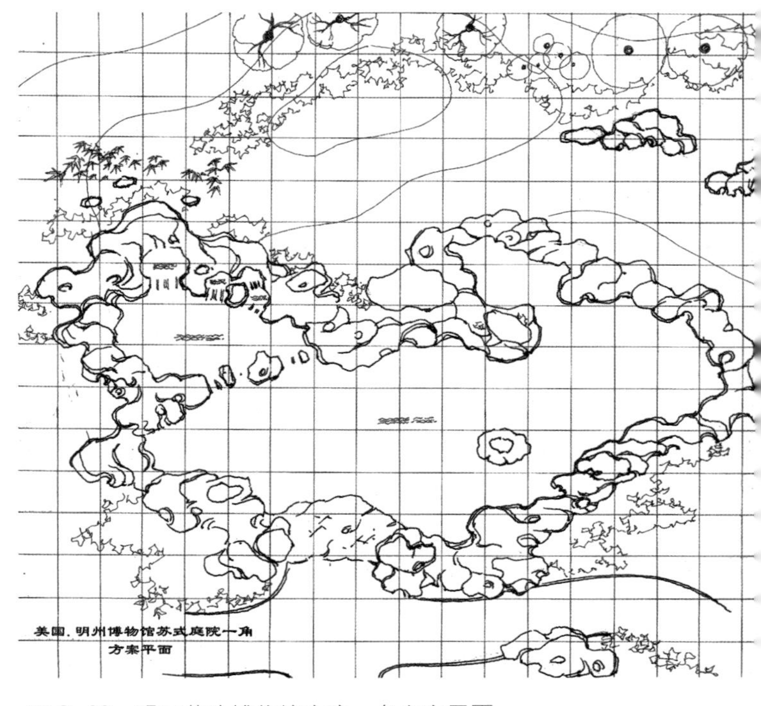

图 6–20　明尼苏达博物馆庭院一角方案平面

图 6–21　明尼苏达博物馆庭院一角方案透视

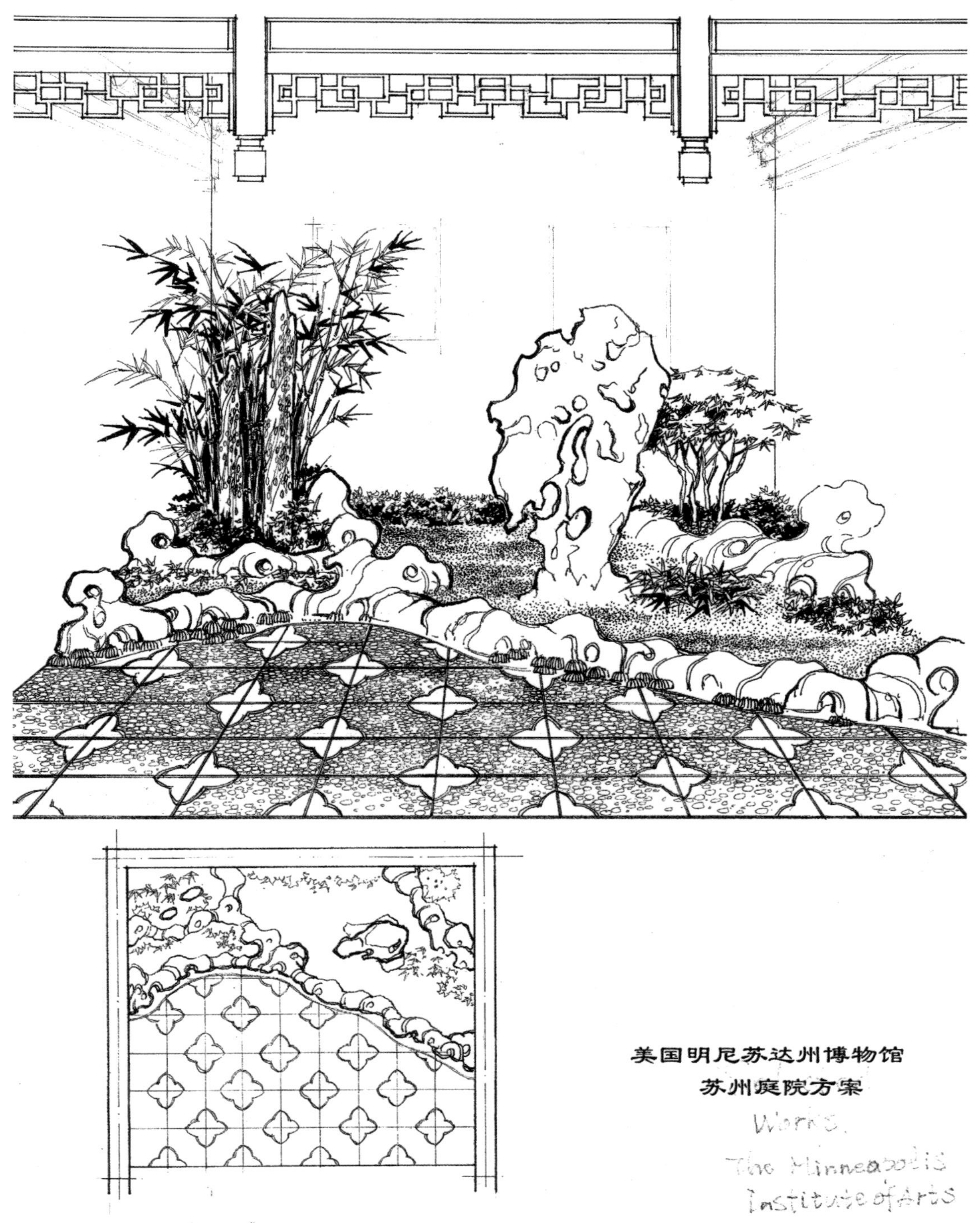

图 6–22　明尼苏达博物馆天井方案

苏州园林在有限空间的庭院布置上，山石为必不可少要素，所谓“片山有致，寸石生情”，小中见大，足不出户即可享山林之趣。如果在庭院中设水池，多取不规则的形状，池岸的处理上也追求自然曲折。俗话说山水相依，大小不一、形状各异的山石可以驳岸成为水与路的过渡，山石与水池可以结合。方案模仿自然山水，取三五玲珑俊秀的太湖石峰以及犬牙交错的驳岸石块立于池畔，使庭院空间有了分割、变化，富有情趣。湖石“似有飞舞势”，体态多样，在布局上则是主从分明、疏落有致，十分巧妙。峰下又有清泉出盘坳，流水潺潺，为庭园带来自然的生气。咫尺山林在迂回婉转中深得山林野趣。对于用墙垣围合的在厅堂前的空间，方案采用“有嘉树，稍点玲珑石块”（计成《园冶》）沿边墙筑山石花台，花台外施象征事事如意的柿蒂纹铺地。粉墙漏窗为背景，数石笋突兀于疏竹丛中，另一角红枫映翠竹，又有一玲珑剔透石峰点缀其间，自静中观赏，天井变成了一幅丰富多彩的风景画面。

3. 广东河源华清苑小区前庭方案

2006 年 9 月笔者应邀为广东河源“华清苑”别墅小区作前庭方案（图 6-23）。

方案正对大门设高大石峰（石敢当）一座于临水平台，化解丁字路口气流冲向小区所形成的煞气。为了使气流平缓，避免外界直视，隔水又叠土山，山巅建方轩。山后隔水设水榭长廊，曲折有致。土山西北有曲桥，向南筑高石拱桥，向东架水上飞虹，便于业主攀登游闲（图 6-24）。轩西泉水下泄，瀑入广池，池水沿河穿石板平桥，左岸为照墙、石栏，右岸服务楼前小广场筑五福捧寿铺地，向南斋馆临水连廊桥，廊桥西南土山巅设六角小亭，

图 6–23　河源“华清苑”前庭方案俯视图

如文峰笔立，和廊桥互为对景。廊桥东南水巷，直冲轩廊弈馆，在此既可手谈，又可临槛观鱼。前庭虽无广厦深院，然小筑布置恰当，曲水潆绕，点缀适度，它们会给业主创造一组组舒适的游闲空间，足以令人流连忘返、陶醉神往。

图 6–24　前庭一隅俯视图

附记　从长白山到太湖山水

1961 年 9 月我由国家统一分配到吉林林业设计院，到职后第一个任务是参加 10 月太平川农场劳动，回来后又参加“冬储菜”的劳动，办公室和宿舍糊窗户缝……一连串的过冬准备，对于初来东北工作想要熟悉东北的我来说，仅限于有了最基本的了解。11 月 7 日一场初雪，使我有了更深的感悟。11 月 15 日开始供暖气，办公室和宿舍保证了 18℃左右的温度。室内的工作、生活环境还是挺舒适的。工民建设计室让我们参加林场通用设计的编制工作，建筑组的老沈粗略地给我们讲了林场的情况，设计的内容有办公室、职工食堂、森铁火车站（实际就是 76.5cm 窄轨小火车）、商店、职工宿舍等。老沈是江苏扬州人，他想尽量通过自己的介绍，让我们对林区的工作有所了解。由于缺乏直观的概念，大家只能凭着自己的想象去努力工作了。我在学校担任过建筑设计课代表，曾经和我老师一起到社会上洽谈过小型设计项目，这林场的各种项目，正好也不大，又都是木结构坡屋顶的小平房，和过去做的课程设计颇为相似，所以很快就随手勾出了小商店的透视图草稿。就这样，我们几位同学和其他学校毕业的同事一起开始了我们新的设计工作生涯。

很快就到了 1962 年的元旦了，单位的领导对我们这些北调的南干新同志很是关心，将大办公室布置成具有浓郁节日气氛的活动室，食堂又有给我们炒了不少松子、榛子，我也弄了幅“欢度元旦”的剪纸，多少增添了一些节日气氛。元旦一过，单位领导决定将我们分成几个小组，由老同志带领深入林区进行调查研究。我和小蔡被安排由老沈带领到延边朝鲜族自治州的汪清、大兴沟等林业局考察，开始了为吉林林区工作的征程。

我们乘坐的是长春直达图们的列车，火车经过九台图们岭后逐渐进入长白山脉。过了吉林市便开始穿越老爷岭、威虎岭、牡丹岭，在翻越牡丹岭山脉的哈尔巴岭时坡度达 2.8%，列车需要前后 2 台机车牵引。火车开得很慢，途中又要等交车，所以在火车上几乎整整一夜，到第二天早上才到图们车站。下车后又换上去牡丹江方向的火车。不一会儿火车到达汪清县车站：有点俄式风格的小站房，几幢刻木楞的小型站房设施建筑，站房内大铁炉子里木柈子熊熊燃烧，很多人正在围着火炉烤火……木材的焰火味和其他各种味道混杂在一起，空气有些混浊。很快地我们出了站坐上了林业局的牛车，慢悠悠地在冰天雪地的道路上行走。道路并不太宽，路肩有很宽作排水用的明沟；从道路和住宅庭院中清除的积雪，堆在路边参差不齐的木栏外边；院内木柈子码着整齐的柴禾堆，足有一两米高；屋顶和柴禾堆上依然白雪皑皑，道路上雪水已经和车辙、泥浆等抱在了一起。大车咯吱咯吱慢慢地向前行驶，穿过铁路专用线，一会儿就到了林业局招待所。招待所是木构架的平房，墙是木构架挂泥草编制的拉蟹（内部用草泥编挂填充的墙）外面以草泥作粉刷的围护结构，每个房间则是一铺火炕，可以睡 3 ～ 4 人。火炕的一头有个烧火膛口，只要烧上几块木柈子，火炕面散发的热量足够这小房间暖洋洋的，如果睡在炕头则是烫得受不了。

午饭后，老沈带领我们俩到他负责设计的汪清制材厂参观，沿着深入贮木场的铁路专用线直抵厂区。据老沈介绍，专用线运进来的大部分是生活物资，装出去的则是木材。沿途所见的贮木场、森铁窄轨线布满场区，堆积着的木材原条（从根部到树梢的整根原木）由森铁小火车从林场拉下来，由索道装载机起吊卸到造材台上，用油锯切割成各种等级和长度的圆木，再用索道装载机按材种等级分别归楞堆放，再装上停在铁路专用线的车皮或车厢，发送到全国各地。整个贮木场有好几组用20多米高的粗大原木结构组合的门架，牵上几组5～6cm粗的钢丝绳，跨度达50～60m，装载机能够起吊上吨木材，又能前后牵引这种上下活动自如的钢制装载设施在索道上荡悠悠的，竟然将粗大笨重的木材自由地运来运去，不知要替代了多少劳动力，据说这些还都是苏州林机厂的产品。贮木场有一部分木材是直接配送到制材厂的，制材厂的女检尺员小李陪着我们热情地介绍了原木进场后加工成各种规模的板材和方材的要点。看看时间还早，老沈领着我俩又到汪清林业局的基建科拜访一下，说明此次来汪清制材厂属于回访，另外就是想到一个林场去调查。很快调度室就做出了安排，适逢次日下午有一列小火车挂2节客车要去金沟岭林场，调度员给我们开好了通行证并电话通知了林场。回到招待所，碰上我们设计队其他专业的调查考察组的同事。晚饭后，大家建议去看电影。那时林业局的电影院，是木结构的房屋，长条板凳，以凳脚的高低来调控视线，大约能容纳三四百观众，地面上积下了厚厚的一层向日葵籽壳，脚踏上去软乎乎的，室内的声音有些嘈杂，加上蛤蟆烟叶的呛味，倒有不少林区的特殊情调。短短一天的活动，使我初步领略了长白山林区局场的生产生活的一隅。

第二天上午，小赵的父亲来看望我们，老沈跟他介绍我俩是去年刚从苏州分配来的学生，和小赵在一个组工作，小赵这次随另一位老同志到其他林业局考察学习了。送走“老赵”，也快到中午了，吃午饭时，老沈叫我们多买几张煎饼，下午小火车不知要多晚才能到金沟岭林场呢？

下午三人到了森铁火车站候车，一会小火车头拉了2节绿色车皮的客车车厢吼——吼——的来了。小火车头属28t的蒸汽机车，和大火车头相似，客车车厢座位少一些，木椅，也很干净，搭乘这趟小火车的大部分是林场职工和家属，人数不多很宽敞。等把停在车站的一节节拉木材原条的车挂接上，小火车便开了，由于铁路的路况一般，有时车厢会摇摇晃晃，有时在小站一停就是半个多小时，等着山上下来的原条车开过后再继续向山上开去。小火车慢悠悠地在森林里穿行，直到晚上九十点钟才到达金沟岭林场。值班人员把我们领到了“招待所”已是半夜，黑漆漆的，林场用的是柴油机发电，只是在晚上供3～4h电，这么晚了当然没有电灯了。点亮了小油灯，有一铺火炕，却是冷飕飕的，老沈叫我们在外边找来了一些木柈子，把火炕烧上，室内又成了黑乎乎的。大家脱下大衣和鞋，上炕和衣而睡，躺下后看见屋面烟筒边上有个大洞，可以看见天空中寒冷的星光在闪烁，不时从洞口中还吹下一阵阵刺骨的冷风。由于给火炕烧了几块大木柈，躺在炕上后背很快就暖和了，就这样迷迷糊糊地睡着了。早晨起来，放在火炕边的搪瓷杯中的湿毛巾冻成了冰坨，简单漱洗后到食堂用过早餐，就找林场办公室。这里到处是大山和森林。从食堂出来穿过小树林，我走得慢了几步，天空中飘舞着的清雪已经把老沈他们留在雪地中的脚印盖没了，小树林中到处是一样的树木，一样的雪地，我竟然迷失了方向，这时想起出差前老同志曾经给我们讲过 1958 年“大跃进”时发生在森林调查队的真实故事。那一年的十月底，森林调查队的一位技术员和一名测工在外放卫星作业，尽管已经到了返回队部的时间了，为了做出更好的业绩，他们俩看看天色还早，想再把一块林地统计完成。这时天气突然转冷，下起暴风雪，由于这片原始森林的海拔已在 1000 多米，在深秋的长白山森林遇上暴风雪也算是常事,然而他们俩早晨出发调查时天气还暖洋洋的,所以身上只是穿着衬衣和平常穿的工作服，所带的水和食品早已消耗殆尽，两人处于饥寒交迫之中。天很快黑下来了，大雪还在不停地下，出来时走的路也被大雪覆盖了……已经是半夜了，调查队的同志们心急如焚，怎么这两人还没回来呢，他们也算是老同志了，难道这场暴风雪给他俩带来麻烦了？队长再也不敢往下想，立即召集几位有经验的同志商量，大家觉得有遭遇野兽袭击的可能性。在这秋冬交界时，有的“黑瞎子”还没有蹲仓猫冬，但它应该不会主动袭击人类的，只有曾经受过伤的野猪是要伤人的，在林区生活的人说到野兽的凶残，那就是一猪二熊三老虎。不久前猎人在这片林区打猎，曾打伤一只约摸 250 ~ 300 来斤重的母野猪，如果他们俩碰上了它，那就糟糕了……外面的雪早已停下，天刚蒙蒙亮，那两位同志还没有消息，队长忧心忡忡，将森林调查队的年纪大一点的和年轻的分组出去寻找，但每两个小时必须原路返回帐篷，通报情况。队友们按着两人森林调查的地块去寻找，昨晚一场暴风雪，帐篷内气温很冷，大家穿着棉大衣还觉得冻得厉害。找了约摸两个小时，有一组发现了他们的踪迹，大家围聚找来,发现他们已冻僵在那儿了。大家拼命地大声呼喊他们,摇晃他们僵硬的身躯，但是再也呼不醒他俩了。大家这才注意到，他俩不是冻死在一起的，那位技术员身边的雪地上，有很多来回走动的脚印，似乎在告诉人们，技术员首先感到身体冻僵支撑不下去了，于是让年轻的测工赶紧回去，测工走后觉得不妥又折回来想背他走，这样来回推来推去，由于暴风雪，最终连那位年轻测工也冻僵了。恶劣的天气是那么残酷，而人与人之间却演绎了至高无上的亲情。在密密的森林里，终年不见阳光，不熟悉林区的人确实很容易迷路。好在这毕竟是林场场部附近的林子，一阵虚惊过后，我很快就找到了林场办公室。

场长给我们介绍了金沟岭林场的规模，年采伐和抚育更新的工作量，环绕这些生产任务所需要人力、机械台班、各项设施以及各种生产生活的需要等，希望我们早日将林场建筑通用设计编好。场长的精辟介绍，特别是给我和小蔡上的专题课《林场生产规模和建筑设施配套》，令我们十分钦佩，过后又领我们参观了林场现有建筑设施和环境情况。场长和我们道别后，老沈又领我们跑到最近的林班去看看采伐作业现场，沿着山坡向山上走去，天空中飘着清雪，老沈告诉我们这种天气气温大约已经达到零下 30℃左右了。远处山坡上随着号子声“顺山倒哦”，一颗二十七八米高的大红松应声倒下，随即工人们提着油锯，挥着大斧上前作业，不一会儿一根原木已被拖拉机拉下山坡。时间已近中午，我们赶紧下山，一不小心踩上雪地的一层冰壳滑了一跤，好在穿着厚厚的棉大衣，赶紧爬起来继续赶路。林场食堂的伙食几乎和林业局招待所食堂一样，苞米面煎饼、大饼子、白菜帮子大酱汤，这就是三年自然灾害时期林区生活的真实状况。

下午乘上小火车回到汪清。次日一早，继续乘火车到大兴沟林业局考察。从车窗向外望去，一条废弃的铁路线上，桥墩完好无损，而上面的钢轨桥梁据说多作为二战时苏联红军的战利品拆还苏联去了。火车不一会到站了，大兴沟林业局不像汪清，要清静很多，去年又遇了嘎呀河洪水泛滥，损失严重。我们去的那几天正在召开全局职代会，所以基建科长抽空在局里将下面林场的情况作了较为详细的介绍。午饭时石科长陪我们到食堂用餐，石科长说你们赶巧了，我局召开职代会，上山打了几只野猪、狍子，所以才有些荤腥。这是我平生第一次品尝到深山老林的野味，野猪肉渗透了松树的香味，肉质粗而不柴，狍子肉带有点像羊肉的膻味，在自然灾害时期还能尝到这些，真是太意外了。

第二天我们又乘火车回到了图们市，回长春的火车要等到晚上才开，所以老沈领着我们逛了图们的街市。这是沿着中朝界河图们江建立的边境城市，1962 年初图们大部分是平房或少数几幢楼房，江对岸是朝鲜的南阳市，倒是有不少楼房。一座较长的一边白漆一边黑漆的铁路桥将两国的两座城市连在一起。在图们的街市，机关和商店的标牌均是汉文和朝鲜文字，有的干脆只有朝鲜文。沿着图们江大堤，我们边散步边闲谈，从抗美援朝战争到自然灾害，我国人民承受了种种困难。从堤上下来，我们去了农贸自由市场，由于是困难时期，市场并不繁华，只见小摊上一把把金黄色烤烟叶，敞开摆放的黑漆漆的冰冻的秋子梨，朝鲜的明太鱼干，延边苹果梨被盖在棉被里，市场外散落着一些小饭店和朝鲜冷面馆。

诸如以上，是吉林长白山林区留给我的初步印象。作为一名南方人初来乍到，林区的所见所闻对我来说是那么的新鲜，以至于半个多世纪过去了，仍牢牢刻在我的心上。

1964 年，露水河林业局的开发建设已全面启动，此时我在吉林林业勘察设计院已工作了 3 年多，有幸参加一个新建林业局的开发，对我来说是一次全面了解林业局建设的过程。

露水河林业局占地半径达 25 ～ 30km，国家铁路先行通达，再建专用线引入拟建的局场所在。建设一个林业局，首先将它所辖山林根据森林调查的资源蓄积量和山脉实际走向划分成若干林场，每座林场又划分成若干林班，每个林班按照 60 年的轮伐期进行采伐和造林更新作业，以做到青山常在，永续作业，每座林场有森林铁路或公路连通林业局局场。建一座林业局的局场，相当于新建一座县城。局场的总体规划就是要将林业生产科学合理地规划好：贮木场、制材厂、胶合板厂、纤维板厂、松根浸提厂、小火车、汽车中修或大修的机械厂等，以及环绕生产生活所需要的自来水厂、变配电站、污水处理等，在行政办公区则要规划好局办公楼，公安、司法、森警部队、消防，服务于生产生活的银行、职工医院（约 300 床位）、商店、影剧院及职工生活的住宅小区、土产公司、食品商店等一应俱全。然而要在长白山原始森林中选择这么一块土地是很难的，最终选取的是一块海拔 780m 左右的高山台地，这块台地沟壑还是不少。首要的工作就是要测出一幅正确的地形图。20 世纪 60 年代遥感技术尚未广泛应用，特别是在这长白山的原始森林，需要详细的地形图，只能人工测绘。我们工民建设计室的年轻人也跟着参加了这一局场地域的测量工作。虽然已经三、四月份，但这里依然冰雪覆盖，厚厚的雪经太阳辐射形成一层冰盖，后来下的雪又覆盖在上面，我测量时脚下正好遇上沟壑，冰盖一碎，大半个身子掉进了雪窟窿里，还得赶快爬起来继续向前。在这冰天雪地中紧张繁忙地奔跑，冰雪融化，已将绑腿和棉胶鞋浸湿，傍晚冷风飕飕一吹，浸湿的绑腿和胶鞋外面冻成薄薄的冰，回到住所赶紧将它脱下来放在炕上烘烤。经大家半个多月的努力下，终于完成了露水河局场的外业测量工作。这时，场址的积雪已经融化，紧挨着局场边缘是规划保护的黑油油红松母树林，树干挺拔粗壮，直径至少要七八十厘米，高达二十八九米。走进这一片原始红松母树林，浓荫蔽日，风一吹，在林下只听到松涛的响声，是大自然的天籁之音。20 世纪 90 年代我曾到四川九寨沟，看到的原始森林，其树干的粗壮也无法相比。随着露水河林业局开发建设步伐的加快，我几乎每年都要到现场考察并调查研究有关项目的设计方案。

1966 年 10 月，我在延吉市经过一段时间“四清”工作的培训后，随“四清工作队”入驻吉林省林建公司露水河道路建设工程队。到达露水河社教分队时，分队领导讲到阶级斗争形势时，说刚刚开发的露水河林业局所辖山林临近国境，前不久，有一名疯女人在林区转悠，几个月后，她乘火车要走，公安人员在她的头发里搜出了一卷缩写的边境道路网，所以要求我们每个“四清工作队”队员要有阶级斗争的观念，时刻以阶级斗争为纲，积极投身到“四清”工作中去。

次日，我们五名队员乘卡车到了林建公司道路建设工程队驻地。这是天然混交林的谷底。左侧是一条江河的上游，潺潺的江水清澈见底，一颗倒下的大树横卧江上，上面被砍成一个平面，就算是独木桥了。队部设在江岸右侧，由于江岸比较陡，提水要过独木桥下到江边的石矶上。在这五六十米宽，稍高一点的谷地已经建了好几幢简易木板房。工人宿舍比较宽敞，两边搭板炕，中间过道砌了几只大炉子，上面盖了块大铁板，铁皮烟筒横架在半空中，作为过冬的主要设施。我们工作队的办公室是一幢稍小一点的木板房，一半板铺，可以睡四五个人，另外一半有两张办公桌，中间一只铸铁炉子。离场部右侧一百多米的秃山是用作修路的石料场。工程队有一百多工人，五辆大卡车和两台推土机。要不是修路，这原始森林的谷地到处洋溢着静谧祥和的气息。

入住工程队第二天晚上，在队部边的山林里突然发出 2 枚信号弹，队里的民兵马上拿了枪和大板斧去追寻，追了一个半小时，什么影踪都没有，大家猜测可能是设置的定时信号弹，紧张的情绪才随着夜深慢慢地平静下来。这么一来，“四清”工作清理阶级队伍又得加上排查“特嫌”的事情了。我们工作队和赵书记、姜队长、小韩（工会主席）详谈了“四清”工作的有关事情和职工队伍的基本情况。工程队的工人大部分是三年自然灾害时从山东来的“盲流”，函调材料反映出这些工人的招工手续比较齐全，只有几位年纪稍大一点的工人，说不清楚自己的来龙去脉。食堂的潘师傅原先曾经当过中国人民志愿军的炊事员，但新中国成立前的事情却不清楚，从后来和他接触中才了解到他家在商丘农村，抗战初期，河南遭天灾兵燹，民不聊生，听说山东招工，每顿饭两只大白面馒头，对兵荒马乱年代深受灾害的农民来说，简直是天大的喜讯，十八九岁的潘师傅想出去闯闯，其父母也允许了，于是潘师傅踏上了充满诱惑又一片迷茫的征程，报名后，果然吃上了大白面馒头，没想到一进集中营时，情况就变了，招工老板其实是人贩子，他们把这些怀着梦想过好日子的农民装上闷罐车卖到了唐山煤矿，由于矿工多，潘师傅又被转卖到鸭绿江边上林区去修路。日伪统治下的东北，生活十分艰苦，吃的是窝窝头、咸菜，住的是地窨子，就是在地上挖条沟，铺上石板，用泥抹平，两头烧上火，烟道从中间通向外边的烟筒，上面用树干搭成人字形的马架，再盖上茅草，就算是工棚了。一些体弱、有病的工友经不住劳累和困苦，一命呜呼，往鸭绿江冰窟窿里一扔，鲜有表情的潘师傅讲到那些苦难工友，眼睛里闪耀着泪花。后来日本投降了，不久解放军来了，潘师傅当了支前民工，抗美援朝时又当上了志愿军炊事员。工作队知悉潘师傅的情况后，外调工作很快在河南商丘农村找到了他家，他母亲还在。潘师傅得知这一消息寻亲急切，踏上了幸福返乡探亲之路。阔别家乡已久，潘师傅到家时正值丰收季节，家乡发生了翻天覆地的变化，其母亲却已白发苍苍，因为日夜思念儿子更是哭瞎了双眼，潘师傅的归来让这个古稀之年的老人热泪盈眶。

工程队的施工向前很快地推进，队部的暂设工程也随着施工道路向森林深处搬迁过去，离露水河林业局场部快要 20km 了。也许是已经进入冬季，江水也没有那么宽了，天然混交林的树梢及地下已经积下了一些残雪，风景极其优美。住进新板棚后第二天晚上，欢迎我们的依然是 2 发信号弹，这一次大家就不那么紧张了，仅是拿了枪出去追查一圈，什么也没有发现就回到工棚了。

“四清”工作队对每位队员的要求是严格的，每天早晨就开始整理谈话资料，填写报表、写汇报材料，稍有空隙时间，我便到分管的后勤、食堂、汽车班、有时采石场参加劳动。帮食堂摘菜、挑水。天寒地冻，担水时滴淌在独木桥上的水被冻成一层薄冰，滑溜溜的，独木桥五六米下的江水大半已冻成冰凌，只有中间一部分还在潺潺下流，每次担水走过独木桥时总是会产生一种莫名其妙的紧张心情。中午食堂开饭时，就帮食堂卖饭菜，要等到工人全部用上餐后，才轮到我们工作队员和厨工们一起就餐。在原始森林里的筑路工人生活非常清苦，有时会好长时间见不到荤腥，食堂李管理员也动足脑子，总算拉回来一头猪，没想到杀开后一看竟是“豆猪”，猪身上肥、瘦肉间寄生的全是米粒状的绦虫卵，人若吃了，会寄生在人体里，有个别的还会慢慢地寄生到脑干，就是这样，猪肉带汤还是被一扫而空。晚餐供应有时是馒头，工人们会买上两三个大馒头，打一份白菜、圆葱之类的菜肴，就回宿舍，脱下棉胶鞋，把袜子、裹脚布往铁丝上一搭，有的工人把挂在墙上的生咸鱼一头往火炉上烤着，然后咬上两口作为佐餐的佳肴，再来点小酒，生活就美滋滋的了。宿舍里迷漫着各种杂味，有善意的工人还会热情地喊道：“沈同志，到我这里来喝一口吧。”筑路工人这种不畏艰苦的浪漫生活，只有融入其中，才有深刻体味。

后勤的老兰头、老王头是工程队年纪较大的老单身工人，数十年生活的磨难，练就了他们在森林中生存的本领，用砍来的柳条编成“沪”的笼子，放在江干河汊的石缝中，到晚上收回来，就抓到了不少林蛙，用铁丝一穿，往大铁炉上一烤，就这么连皮带内脏的吃了，看起来有点原始，但烤干的母林蛙和剥出来的胎盘在上海高档宾馆却是被叫作“哈士蟆”的高级滋补品。老兰头的酒瓶里泡了一条毒蛇和自采的药草，他说每天喝一小口可以活络关节。老栾头是负责给宿舍和我们办公室烧炉子的，光棍一个，也算是老东北了，喜欢唠叨他的往事，曾在辽源煤矿和临江林区的林场干过，挣了一些钱后，就被拉下山去下酒馆、逛窑子，有时还会去赌桌上碰碰运气，不到一个月，就把大半年的血汗钱全花光了。再去煤矿或山上伐木最怪的事是，睡在板炕头的放炮工老张师傅，五十出头，每天收工回来，一位个子矮小的中年妇女已给他打好了饭菜，准备好了洗脚水，老张脱下大衣一上炕，她就给老张递毛巾擦脸，脱鞋袜，细心地给老张泡脚、洗脚，那女人身边还带了一个六七岁的弱智男孩，满以为他们是一家子，后来工人告诉我是拉帮套的！女的丈夫还在煤矿，她带着儿子，跑到工程队来跟老张生活。吃好晚饭，两面挂上旧床单就算是他们的家了。看到这种无奈的重婚现象，我心里有着说不出的滋味。

已经是十二月下旬了，海拔八九百米的山林愈加寒冷，虽然煤火已将铸铁炉子外壳烧得通红，但连板炕下的冰都没有融化，夜晚我们睡在板炕上冻得发抖。后来设计院捎来了狍皮，才算好一点。有时到露水河大队部开会，晚上乘卡车回来，风飕飕的，穿着很厚的棉裤就像穿着单裤似的，把腿脚冻得发木，只能把大衣使劲地裹在身上。临近年底，接到大队部通知要立即撤走，由于我们驻在深山老林，根本不知道外界的事情，一直到了松树镇，才知道"文化大革命"已如火如荼，就这样我又回到了长春市。

轰轰烈烈的"文革"运动，从大字报、大辩论逐渐产生分歧，从社会到各个单位都无一例外地分成了几个派从辩论，发生摩擦、武斗，进而发展到枪械武斗，最后又统一成立革委会。在此期间，我抄大字报练毛笔字，画伟人像练油画，到后来又塑伟人像，这些"文革"每日必修课某种程度上也培养了我的艺术素养。随着"抓革命促生产"的口号，我们工民建设计室的宋主任责成我领一帮同事，赴露水河林业局担任拖车厂的设计工作。我们到露水河林业局后，受到了基建科的孙科长和大顾的热情接待，使我们顺利地开展了工作。

我在露水河林业局又意外地碰上了曾在太平川农场一起劳动的山东人小张，他为解决两地生活调到此工作。我利用星期日休息专程到小张家拜访，小张夫妇热情地给我介绍了露水河的生活状况以及山东人在此地努力拼搏的故事。由于长白山森林资源丰富，只要身强力壮，给人劈柈子，秋冬季节上树打松籽、采蘑菇，均会有很好的收入，但是也有一定的危险性，爬二三十米高的红松打松籽，打完一棵爬另一棵，如果胆子大点想偷懒，有人就会趟过去，冬天枝桠很脆容易断，不幸的就会掉下来摔死，有的肚皮还被断枝留下的尖尖树杈划破了，肚肠挂在上面，惨不忍睹。小张又给我讲了一个他老乡的故事：老乡家养有几只品种优良的猎犬，星期日他儿子休息，一早便带了猎枪、干粮和几只猎狗到原始森林去碰碰运气，在林子里走了两个多小时，果然见到了一只黑熊的影子，身处下风向的他端起猎枪射去，黑熊应声倒地。熊最值钱的是胆，取熊胆时间不能长，否则胆汁会潜化掉，小老乡赶紧跑过去，机警地取出匕首，欲破膛取胆，没想到边上一只大母熊龇牙咧嘴，黑漆漆大熊掌直向他扇去，他赶紧往下一蹲，将头缩进棉袄里，连滚带爬地向公路方向逃窜，这时猎狗为了保护主人勇猛地扑向大母熊，被激怒的大母熊还是对小老乡穷追不舍，直到一只猎狗奔回家狂吠，叼着老主人的衣角到家中挂着的另一支猎枪边，老主人知道准是儿子出事了，赶紧拿枪随猎狗奔向林子，快到公路边见到了儿子，他的棉袄已被母熊撕破，手和腿脚受了点伤，总算还好没有伤着头，也没有伤筋动骨，母熊没有追来，几条猎狗勇敢地护围着。气喘吁吁的老主人见儿子悠悠苏醒后总算舒了口气，搀扶着他回到家里。猎狗英勇护主愈加得到了主人的喜欢。在林区经常听到野兽伤人的事，其实只要人们不去惹野兽，野兽也不会伤人。森林的开发，实际是人们在抢占野兽的生存空间，难免就会出现意外的事情。

很快我们完成了这次现场设计工作，余下的就是回院里审图整理。这就是在"文革"特殊年代完成的设计工作。

第二年春天露水河林业局要我们参加林业局、施工单位、设计院三家联合审图和技术交底工作，很快我们组成了各专业的人员奔赴露水河林业局。由于是春天，树林里能传播森林脑炎的蜱虫（俗名“草爬子”）正处于频繁活动状态，这种小昆虫有点像臭虫，喜欢钻入人体手臂和腿窝叮咬吸血，被其叮咬的无形体病属于传染病，人对此病普遍易感，与患者血液、体液有密切接触者，如不注意防护，也可能感染，轻则致人变傻，重则死亡。所以我们在这时期进入林区，必须注射防止森林脑炎的疫苗。到达露水河后，技术交底工作很快就顺利完成，接下来就是下施工现场，如果沿公路走要绕过红松母松林好大一圈，后来我们几个年轻人决定走小路，穿过这一片原始森林到工地去。树林中大部分是巨大的擎天红松，抬头望去树干之间枝叶相携，明媚的春光从二十多米高的树枝缝隙中射来一条条光影，森林中下层空间的亚乔木、灌木，如拧劲子、暴马子、黄杨、扁枣胡子、山木通藤等，竞相争抢这一缕缕的阳光，地面上横七竖八倒着的朽木上，苔藓刚开始恢复它的生机。我们顺溪流走着，在溪水中发现了一条二十多厘米长的娃娃鱼。不一会我们走出了红松母树林，再走不远就到了工地，工地上已放好线，并钉好了龙门桩和龙门板，个别几座厂房和锅炉房关系到如何巧妙利用地形降低投资，所以等着我们在现场定夺，很快在共同协商下实事求是地解决了这些问题。等我们回到招待所已近下午 4 时了，大家把身上的衣服赶紧脱光，全身检查有没有被草爬子叮上，我在大腿窝里抓到 2 只，抓它们时必须一只手把皮肉抓起来，另一只手用手指轻弹几下，然后轻轻一拔，才可以把它们钻进皮肤里的头拔出来，不然把头落在皮肤里，遇到阴雨天皮肤会瘙痒，由此也可以想见出发前在注射预防森林疫苗脑炎的重要性了。

次日是星期日休息，招待所照例只供 2 餐，用过早餐后，我们几位年轻人带了砍刀又沿着公路到三道弯方向去玩。这是一条三级砂石公路，路面约有 9m 宽，加上两边路肩总共达 20m 宽，即使是山上下来的装运木材车和车辆交会，也还是比较宽绰的，公路的施工质量也挺好，我又想起几年前随道路建设工程队搞“四清”运动时的景况，那时这条公路刚刚开始动工，每天和土石方打交道，生产生活的条件相当艰苦。冷不丁，一只松鼠窜了出来，我们赶紧追撵过去，小松鼠拼命逃窜，不一会爬上一棵小树，钻进了树洞，我们跑近一看，这棵树几枝树杈已枯死，树洞向下，估计不深，我口袋里正好有一只尼龙网袋，把它扎在树洞口，用砍刀在下一个树节边砍了一个洞，用树棍一桶，小松鼠往外逃窜就进了网兜。大家高兴地拎着这只可爱的小动物回去了，一路上你逗我玩地有说有笑，正想着回到局里去要点铁丝给它编一只笼子，带回长春放在宿舍里玩玩，哪里知道这只小松鼠是受了惊吓，才一动不动装着老实呢！等传到我手里，它就发威了，蹿上来一口把我的小手指给咬了，又趁着大家帮我包扎不注意，将网兜咬了一个洞，逃窜得无影无踪。

不一会儿回到招待所，遇上设计院生产科的杨工和设计室的老蒲路过露水河，我们设计小组的老李上午便陪他们回访前两年设计今年投产的机械检修厂和制材厂，各方面的反映都不错。快到吃晚饭的时间了，基建科的大顾拎了一壶白酒，说是他们孙科长特地到后勤去批了 2 斤酒，因为这次设计工作圆满完成，所以请大顾来陪我们。林区潮湿，大家晚上下班回去都喜欢喝点酒，供销社每次供应白酒总是一抢而空，尽管是在招待所食堂里买了一点极平常的菜肴、酒，但对正在开发新建中的林业局而言，已是很难得的事了。

星期一上午杨工、老蒲和我们一起乘火车回长春。火车穿林海，钻山洞，跨山沟，有些还是近几年新修的铁路，加上山区的铁路上上下下坡度较大，所以火车开得较慢，有时巨大的红松、白松、椴树从车窗边闪过，杨工和老蒲还不时地介绍，那是黄菠萝，那是楸子，那是槭树……正值初夏，山坡上常绿的针、阔叶树，刚绽放新叶的落叶乔灌木，披满绵延起伏的山峦，江河和山峦交织成长白山天然图画，这就是大自然的造化。特别是在江干河汊边鬼斧神工留下的大小砬子（裸露的悬崖）和成排高大的棱柱状岩体，都是火山喷发、岩浆涌动及地壳变动后所造就的史前地质景观。我们欣赏着自然景观，谈论着山里的野兽，杨工说了一件发生在他身上的真实故事。那是大铁路刚刚从松树镇向长白山深处延伸时，我们设计院的勘察技术人员依例对森林资源开发前景进行先行评估，考察队的营地离有人迹活动的地方已有五六十里路，一天，不惑之年的杨工和一些同志进山选线，返回营地时，杨工由于疲惫渐渐落到了后面，在小道边的林子里有一条黄黑相间的大尾巴竖了起来，杨工吓得就跑，到了营地瘫倒在帐篷里的行军床上，同志们围过来问杨工怎么了，杨工缓过气来说他看见老虎了，问离营地有多远，杨工说一二百米，队员们赶紧带上枪去寻找老虎踪迹，走出去近千米也没找着，杨工打趣道怎么我一下子竟跑出了一千米啊，人为了逃命迸发出来的力量不可想象！老蒲也接上说了他的故事。那是 1954 年刚参加工作不久，他随老同志一起在长白山原始森林调查森林蓄积量，有一天发现一个奇怪现象，在这山谷地低矮的亚乔木和灌木全部被拔光，堆在四周，中间变成一块光溜溜的草地，老同志向他介绍说这是老虎和黑熊打架的围子，兽中之王一剪一掀一扑和黑熊过招，黑熊皮毛厚又力大无穷，几个回合下来，老虎累了便跳出去寻食去，而傻乎乎的黑熊可能觉得小灌木碍事便拔得干干净净，在周边堆成一圈，在那儿傻等着要和老虎决战分个高低，这就形成了原始森林里虎熊相斗留下“围场”的特有景观。这样的围子遗迹只在 20 世纪 50 年代初期见到过，后来再也没有见过。一路上大家说说笑笑，不知不觉就到了通化市。当晚换上通化至长春的列车，又经过一夜的旅途回到长春。

我老家住在苏州桃花坞仓桥浜东岸官宰弄，自幼受左邻右舍画家、手工艺匠师熏陶，后来入学苏州建校建筑学专业，又学习过近 2 年的建筑画，具备了一定的美术基础。1962 年，我参加了长春市工人文化宫的招考，有幸拜得吉林省著名画家佟雪凡为师学习国画，并研读了钱松岩的《砚边点滴》，有了这些底蕴，又在长久的实际生活中去体会“师法古人得高趣，师法自然获真谛”。

1978 年 2 月，我妹妹沈英作为“下乡知青”，经过 5 年刻苦奋斗，在棉花的栽培上培育出两个新品系，许多指标打破了省农科院的记录，被推荐当选为全国第五届人大代表，很巧她的座位排在了建筑泰斗杨廷宝先生的后面。到了 1980 年的第三次会议上，妹妹也不太拘谨了，闲暇便和杨先生说起哥哥也是学建筑的，谈话很投缘，杨先生要多寄些资料去给他看看，我得到消息后，立即给妹妹寄去了一篇论文稿和设计手稿。杨老戴着眼镜认真审视这些图稿，又让老夫人把论文念给他听，最终回馈了他的意见：“这些资料凝结着你哥哥十几年的心血，论文的题目很好，内容也是好的，如果你哥哥想在建筑上有所发展的话，建议今后从我国的传统建筑研究入手。”妹妹将此话几乎一字不落地写信告诉我，这对我来说，是在前进的道路上指明了发展的方向。

二十多年辗转于长白山林区，兴安岭林业勘察设计的经历，长白山原始森林和松花江源头优美的自然山水景观，时时奔来眼底，成为脑海中美好的记忆。1985 年元月我带着几十年转战长白山林海雪原艰苦工作的坚韧性格、林区山地建设因地制宜进行竖向设计的经验以及丰富的木结构设计经历，回到了苏州吴中太湖风景区工作。一切工作刚刚开始，这是我人生道路上的重要转折，未来将更具挑战意义。从长白山崇山峻岭到太湖之滨蜿蜒迷人的低山丘陵；从长白山原始森林的擎天红松，堆满火山灰山冈的美人松，古柯枝叶相携带混交林迈入月月有花，季季有果，到处炫耀着丰收喜悦的花果林；曾经跋涉的一道道松花江上游支流，清澈的江水汇聚到奔腾不息的松花江，灌溉着松嫩平原的肥田沃土，而今又奔波于三万六千顷的太湖之滨，这座巨型天然水库，为流域数千万人民造就了鱼米之乡；长白山天池边有女真人的祭台，鸭绿江边有李世民东进后留下的唐代方塔，近代抗日名将杨靖宇威震长白山，太湖之滨有辉煌的良渚文化，春秋吴越争霸，波澜壮阔，“商山四皓独忘机”，隐居太湖西山，烽火年代，冲山太湖抗日游击队面对八倍日伪军围剿，转战芦苇荡 20 天……

我年少时离开苏州到东北吉林林业设计院工作，长白山林区跋山涉水历 24 载，刚过不惑之年，又回到太湖之滨，服务吴县所辖太湖风景名胜区山山水水 27 年。50 多年来，这些崇山峻岭、平山远水抚育了我。我极珍惜历史赋予我的机遇，因此，为太湖风景名胜区和园林的保护、规划、设计建设忘我地工作并不断地总结着，留下了不少广大群众喜欢的风景园林，也探索出一些风景园林的规划理念，当然由于种种原因和知识水平有限，也留下不少遗憾，有待后来者去拓展完善，让吴中太湖风景名胜焕发出更加绚丽的光彩。

二〇一二年春

后　记

黄宾虹曾说："山水画家对于山水创作，必然有着它的过程，这个过程有四：一是'登山临水'，二是'坐望苦不足'，三是'山水我所有'，四是'三思而后行'。此四者，缺一不可。"山水画家毕生所追求的艺术境界是意境的营造，所谓"师古人尤贵师造化，纯从真山水面目中写出性灵，不落寻常蹊径，是为极品"。苏州园林走的也是自然山水的路子，所追求的也是诗画般的意境，某种程度上来说就是物化了的山水画。因此，构园者与山水画家一样，需要亲近自然，以自然为师，才能胸有丘壑，布局畅达自如。

我从长白山崇山峻岭回到太湖山水间，从设计各个门类的工业民用建筑转为构园，近三十年来，遇到过各种各样的难题，不断地探索解决问题的方法，在实践中又对这些理念不断地修正。有些方案由于种种原因，实施过程也有各种变动，这是常事。我在规划、设计、处理各类风景园林建设过程中积累了大量的手稿，20 世纪 90 年代后期，女儿沈苏杰参与了我承担的许多重要园林繁重的设计工作，近几年又协助我将手稿按项目归类整理，对于构园也有了一定的理解。许多朋友鼓励我干脆将手稿整理成书，而我患青光眼疾，要特别感谢夫人刘瑞春帮我清稿整理，两年来才使书稿有了眉目。

值得一提的是，苏州大学博士生导师曹林娣教授和我共为苏州风景园林学会理事廿余载，经常在一起研讨风景园林文化和构园技艺，当她见到部分图稿后，就鼓励我将手稿选编成册，并对本书的编撰给予了指导，又推荐列为姑苏园林的系列丛书，姑苏园林文化研究院的赵江华为书稿认真做了校勘。手稿归类成书的时候，也是回顾近三十载从事吴中所辖太湖风景名胜园林的林林总总，面对这么庞大的风景园林事业，绝非一人之力所为，工作中从李洲芳、马祖铭等朋友那里学到了关于吴地文化的不少知识，府建男一直配合我做了大量设计工作，十分感谢！更不能忘怀的是，香山古建园林公司的徐建国、徐海元等心灵手巧的香山古建匠师，善于将设计意图转化为传统建筑实体；钱乃幸、陆建军等假山叠石匠师为创造"片山有致、寸石生情"的意境付出了辛勤劳动；金山石雕大师何根金、巧匠徐金木精美的石雕作品——石亭、石桥等，为景点增辉添色……通过大家的共同努力，才能在太湖之滨的吴中大地修复和建成这些著名的旅游胜地，由于时间漫长，无法将名师巧匠一一列出，总之，我不过是执笔者尔。

本书总结以一管之见姑且抛砖引玉，还望方家指正。

沈炳春　于苏州灵岩山下木渎古镇规划办公室

2014 年元月

跋 语

本书由富有构园经验的高级建筑师沈炳春先生撰写，图文融会，清楚明快地展现了沈炳春先生的造景手法和艺术造诣，对于保护与修复历史园林、营造当代的姑苏园林生活方式等，都有一定的借鉴意义，可供建筑师、规划师、风景园林设计师参考、收藏。此外，大量设计手稿透视了太湖风景名胜区园林的真谛，还可以激发游兴，为广大游客游览提供指导、增添情趣。

我们与沈炳春先生的相识缘于曹林娣教授的介绍，企业立志走文化园林之路，致力于造园技艺和园林文化的产业化发展，而曾经在苏州吴县园林处工作过的沈炳春先生，也很想为造园技艺的保护与传承略尽绵薄之力，基于立场一致，于是，我们聘请沈炳春先生为企业构园大师、规划设计院专业导师，为企业业务开展与文化研究提供指导以及传授实践经验。2012 年 3 月，吴中区开展了第一批区级非物质文化遗产项目代表性传承人的评审工作，沈炳春、钱乃幸两位先生的申报工作就是由企业负责的，最终也获得了政府的认定。2013 年 3 月，“苏州古典园林营造技艺”和“假山制作技艺”被列入吴中区第四批非物质文化遗产代表性项目名录，我们是两个项目的申报及保护、传承主要责任单位。依托于“苏州古典园林营造技艺”这个文化平台以及“姑苏园林”品牌等，企业集结了一批不同专业、不同层次的团队和人员，有从事园林文化研究的，有从事园林规划设计的，有从事专业施工管理的，等等。我们对外开展城市孵化和拓展，将“苏州古典园林营造技艺”输出，通过对外资源的整合和差异化合作，区域的景观建设业务将形成具有产业化、文化性突出、功能齐全的行业性项目，而这又将进一步夯实非物质文化遗产保护项目“苏州古典园林营造技艺”的经济基础，变保护性传承为生产性传承。企业还开展了对姑苏园林造园技艺系统性技术资料的整理工作，如今，丛书的第二本书《姑苏园林构园图说》即将付印，真是可喜可贺！

在此，我们欢迎更多的与园林相关的大师、技术人员及团队等，来苏州园林营造工程有限公司携手共建美丽中国。

金斌斌

2014 年 2 月 11 日